肉鸡 标准化养殖技术 图册

◎ 全国畜牧总站 编

U0349753

中国农业科学技术出版社

图书在版编目 (CIP) 数据

肉鸡标准化养殖技术图册 / 全国畜牧总站编 . —— 北京：中国农业科学技术出版社，2012. 4

ISBN 978-7-5116-0856-7

Ⅰ . ①肉… Ⅱ . ①全… Ⅲ . ①肉用鸡－饲养标准－图集 Ⅳ . ① S831.4-64

中国版本图书馆 CIP 数据核字 (2012) 第 062054 号

责任编辑	闫庆健　　鲁卫泉
责任校对	贾晓红　　郭苗苗
出　版　者	中国农业科学技术出版社
	北京市中关村南大街 12 号　　　邮编：100081
电　　　话	(010) 82106632 (编辑室) (010) 82109704 (发行部)
	(010) 82109703 (读者服务部)
传　　　真	(010) 82106624
网　　　址	http://www.castp.cn
经　销　商	新华书店北京发行所
印　刷　者	北京顶佳世纪印刷有限公司
开　　　本	787 mm × 1 092 mm　1/16
印　　　张	9.25
字　　　数	219 千字
版　　　次	2012 年 4 月第 1 版　2012 年 4 月第 1 次印刷
定　　　价	39.80 元

编委会

改革开放后，我国肉鸡行业持续快速发展，从1995年起我国一直是世界第二大鸡肉生产国，2010年全国出栏肉鸡约80亿只，鸡肉产量1200万吨，对改善我国居民的膳食结构发挥了重要作用。近年来，在龙头企业的带动下，标准化规模养殖水平有了较大的提升，年出栏10万只以上的规模化养殖比重达到21.8%，比2009年提高了3.8%。但是我们也要清醒地认识到，小规模分散养殖的比重仍然偏高，2010年出栏1万只以下的养殖场（户）的出栏量高达32%，其设备简陋，管理不规范，生物安全保障不到位，死淘率高，生产性能难以充分发挥。因此必须大力推动肉鸡标准化规模养殖进程，实现肉鸡生产由数量增长型向质量效益型转变，增强（稳定）鸡肉市场供给能力，减少重大疫病发生，提升鸡肉产品质量安全水平。

发展标准化规模养殖是转变畜牧业发展方式的主要途径，是新形势下加快畜牧业转型升级的重大举措。农业部从2010年起在全国范围内实施了畜禽养殖标准化示范创建活动，将其作为推进传统畜牧业转型升级、加快现代畜牧业建设的一项重点工作。两年来，共创建了250家肉鸡标准化示范场，其中，2010年196家，2011年54家。

本书通过深入浅出的文字及大量直观实用的图片，从畜禽良种化、养殖设施化、生产规范化、防疫制度化以及粪污无害化等方面详细阐述了肉鸡养殖场标准化示范创建的主要内容，同时介绍了四种适合我国"十二五"期间主推的肉鸡养殖技术模式。这对于提高我国肉鸡标准化养殖水平具有重要的指导意义和促进作用。

前言 **P**reface

　　该书图文并茂，实用性、可操作性强，是肉鸡养殖场、养殖小区技术人员和生产管理人员的实用参考书。

全国畜牧总站

2012 年 4 月

Contents 目录

目录 Contents

Contents

目 录

目 录　Contents

Contents 目录

目录 **C**ontents

第一章 肉鸡良种化

从 20 世纪 80 年代初期，我国开始从国外引进快大型肉鸡品种，肉鸡良种化一直走在我国畜牧业的前列。目前，我国肉鸡生产的主导品种分为三类，分别是从国外引进的快大型白羽肉鸡、我国自主培育的优质肉鸡和"817"小型肉鸡（肉杂鸡）。

第一节 快大型白羽肉鸡

现代肉鸡育种起始于 20 世纪 20 年代，育种科学家运用传统数量遗传学、现代分子育种等理论，培育出了生产性能卓越的品种。目前，我国市场上的快大型白羽肉鸡品种主要是爱拔益加（AA）、科宝 -500 和罗斯 -308。

一、爱拔益加肉鸡

爱拔益加肉鸡又称 AA 肉鸡，是美国安伟捷公司培育的四系配套杂交肉用鸡（图 1-1，图 1-2）。目前，在我国市场上推广应用的为 AA^+ 肉鸡，羽毛白色，单冠，体型大，胸宽腿粗，肌肉发达，尾羽短。商品代生产性能 42 日龄体重 2 637 克，料肉比 1.77:1，49 日龄体重 3 234 克，料肉比为 1.91:1。胸肌、腿肌率高，在体重 2 800 克时屠宰测定，公鸡胸肉重 537.32 克，腿肉重 455.84 克；母鸡胸肉重 548.8 克，腿肉重 433.72 克。

图 1-1 爱拔益加公鸡

图 1-2 爱拔益加母鸡

二、罗斯-308

罗斯-308 是美国安伟捷公司培育的肉鸡品种，商品代的生产性能卓越，羽速自别雌雄（图1-3）。42日龄平均体重2 652克，料肉比1.75:1，49日龄体重3 264克，料肉比1.89:1。体重2 800克时屠宰测定，公鸡胸肉重542.92克，腿肉重450.8克；母鸡胸肉重554.68克，腿肉重428.96克。

图 1-3 罗斯-308 公母鸡

三、科宝-500

科宝-500 是美国泰臣食品国际家禽分割公司培育的白羽肉鸡品种，体型大，胸深背阔，单冠直立，冠髯鲜红，脚高而粗，肌肉丰满（图1-4，图1-5）。42日龄体重2 626克，料肉比1.76:1，49日龄体重3 177克，料肉比1.90:1，全期成活率95.2%。45日龄公母鸡平均半净膛率为85.05%，全净膛率为79.38%，胸腿肌率为31.57%。

图 1-4　科宝 -500 公鸡　　　　　图 1-5　科宝 -500 母鸡

第二节 优质肉鸡

优质肉鸡业是我国畜牧业最具特色的产业之一，经过多年发展，区域优势明显，品种特点突出，生产性能与产品质量稳步提高，市场份额不断扩大。优质肉鸡饲养期较长，肉质鲜美，体型外貌符合消费者的喜好及消费习惯。按照生长速度把优质肉鸡分为快速型、中速型、优质型三个类型；按照体型外貌特征分为三黄鸡和青脚麻羽鸡两种类型。前者适应以广东、广西、香港为代表的南方市场，后者适应我国北方市场。截至 2012 年 3 月，国家畜禽遗传资源委员会共审定通过家禽新品种（配套系）48 个（表 1-1），其中，肉（兼）用型鸡 40 个、蛋用型鸡 5 个、水禽 2 个、鹌鹑 1 个。

表 1-1　通过国家审定的家禽新品种（配套系）名录

证书编号	新品种（配套系）名称	公告时间（年）	第一培育单位
农09新品种证字第1号	康达尔黄鸡128配套系	1999	深圳康达尔(集团)有限公司家禽育种中心
农09新品种证字第2号	新扬褐壳蛋鸡配套系	2000	上海新扬家禽育种中心

续表

证书编号	新品种（配套系）名称	公告时间（年）	第一培育单位
农09新品种证字第3号	江村黄鸡JH-2号配套系	2002	广州市江丰实业有限公司
农09新品种证字第4号	江村黄鸡JH-3号配套系	2002	广州市江丰实业有限公司
农09新品种证字第5号	新兴黄鸡Ⅱ号配套系	2002	广东温氏食品集团有限公司
农09新品种证字第6号	新兴矮脚黄鸡配套系	2002	广东温氏食品集团有限公司
农09新品种证字第7号	岭南黄鸡Ⅰ号配套系	2003	广东省农业科学院畜牧研究所
农09新品种证字第8号	岭南黄鸡Ⅱ号配套系	2003	广东省农业科学院畜牧研究所
农09新品种证字第9号	京星黄鸡100配套系	2003	中国农业科学院畜牧研究所
农09新品种证字第10号	京星黄鸡102配套系	2003	中国农业科学院畜牧研究所
农09新品种证字第11号	农大3号小型蛋鸡配套系	2004	中国农业大学动物科学技术学院
农09新品种证字第12号	邵伯鸡配套系	2005	江苏省家禽科学研究所
农09新品种证字第13号	鲁禽1号麻鸡配套系	2006	山东省农业科学院家禽研究所
农09新品种证字第14号	鲁禽3号麻鸡配套系	2006	山东省农业科学院家禽研究所
农09新品种证字第15号	文昌鸡	2007	海南省农业厅
农09新品种证字第16号	新兴竹丝鸡3号配套系	2007	广东温氏南方家禽育种有限公司
农09新品种证字第17号	新兴麻鸡4号配套系	2007	广东温氏南方家禽育种有限公司
农09新品种证字第18号	粤禽皇2号鸡配套系	2007	广东粤禽育种有限公司

续表

证书编号	新品种（配套系）名称	公告时间（年）	第一培育单位
农09新品种证字第19号	粤禽皇3号鸡配套系	2007	广东粤禽育种有限公司
农09新品种证字第20号	京海黄鸡	2009	江苏京海禽业集团有限公司
农09新品种证字第21号	京红1号蛋鸡配套系	2009	北京市华都峪口禽业有限责任公司
农09新品种证字第22号	京粉1号蛋鸡配套系	2009	北京市华都峪口禽业有限责任公司
农09新品种证字第23号	良凤花鸡配套系	2009	广西南宁市良凤农牧有限责任公司
农09新品种证字第24号	墟岗黄鸡1号配套系	2009	广东省鹤山市墟岗黄畜牧有限公司
农09新品种证字第25号	皖南黄鸡配套系	2009	安徽华大生态农业科技有限公司
农09新品种证字第26号	皖南青脚鸡配套系	2009	安徽华大生态农业科技有限公司
农09新品种证字第27号	皖江黄鸡配套系	2009	安徽华卫集团禽业有限公司
农09新品种证字第28号	皖江麻鸡配套系	2009	安徽华卫集团禽业有限公司
农09新品种证字第29号	雪山鸡配套系	2009	江苏省常州市立华畜禽有限公司
农09新品种证字第30号	苏禽黄鸡2号配套系	2009	江苏省家禽科学研究所
农09新品种证字第31号	金陵麻鸡配套系	2009	广西金陵养殖有限公司
农09新品种证字第32号	金陵黄鸡配套系	2009	广西金陵养殖有限公司
农09新品种证字第33号	岭南黄鸡3号配套系	2010	广东智威农业科技股份有限公司
农09新品种证字第34号	金钱麻鸡1号配套系	2010	广州宏基种禽有限公司

续表

证书编号	新品种（配套系）名称	公告时间（年）	第一培育单位
农09新品种证字第35号	南海黄麻鸡1号	2010	佛山市南海种禽有限公司
农09新品种证字第36号	弘香鸡	2010	佛山市南海种禽有限公司
农09新品种证字第37号	新广铁脚麻鸡	2010	佛山市高明区新广农牧有限公司
农09新品种证字第38号	新广黄鸡K996	2010	佛山市高明区新广农牧有限公司
农09新品种证字第39号	大恒699肉鸡配套系	2010	四川大恒家禽育种有限公司
农09新品种证字第40号	新杨白壳蛋鸡配套系	2010	上海家禽育种有限公司
农09新品种证字第41号	新杨绿壳蛋鸡配套系	2010	上海家禽育种有限公司
农09新品种证字第42号	凤翔青脚麻鸡	2011	广西凤翔集团畜禽食品有限公司
农09新品种证字第43号	凤翔乌鸡	2011	广西凤翔集团畜禽食品有限公司
农09新品种证字第44号	苏邮1号蛋鸭	2011	江苏高邮集团
农09新品种证字第45号	天府肉鹅	2011	四川农业大学
农09新品种证字第46号	五星黄鸡	2011	安徽五星食品股份有限公司
农09新品种证字第47号	金种麻黄鸡	2012	惠州市金种家禽发展有限公司
农09新品种证字第48号	神丹1号鹌鹑	2012	湖北省农业科学院畜牧兽医研究所

一、快速型优质肉鸡

快速型优质肉鸡一般在49日龄至70日龄上市，体重超过1 300克。

1.岭南黄鸡Ⅱ号（图1-6）

由广东省农业科学院畜牧研究所培育。公鸡50日龄体重1 750克，料肉比2.1:1，母鸡56日龄体重1 500克，料肉比2.3:1，成活率98%。

图1-6　岭南黄鸡Ⅱ号配套系

2.苏禽黄鸡2号（图1-7）

由江苏省家禽科学研究所培育。49日龄平均体重为1 797.3克，成活率98.67%，料肉比2.04:1；56日龄平均体重2 059.5克，成活率98.33%，料肉比2.15:1。屠宰率91.55%，胸肌率17.42%，腿肌率19.07%，腹脂率3.47%。

图1-7　苏禽黄鸡2号配套系

二、中速型优质肉鸡

中速型优质肉鸡一般在 70 日龄至 100 日龄上市，体重 1 500～2 000 克。以中国香港、澳门和广东珠江三角洲地区等经济发达地区为主要市场，内地市场有逐年增长的趋势。

1. 鲁禽 3 号麻鸡配套系（图 1-8）

由山东省农业科学院家禽研究所培育。91 日龄公母平均体重 1 856 克，料肉比 3.36∶1。屠宰率 88%，半净膛率 82%，全净膛率 63%，胸肌率 17%，腿肌率 23%。

图 1-8 鲁禽 3 号麻鸡配套系

2. 金陵黄鸡（图 1-9）

由广西金陵养殖有限公司培育。公鸡 70 日龄以后上市，出栏体重 1 730～1 850 克，料肉比（2.3～2.5）∶1；母鸡 80 日龄以后上市，出栏体重 1 650～1 750 克，料肉比（2.5～3.3）∶1，全期公、母鸡饲养成活率 95% 以上。屠宰率 89.56%，半净膛率 82.25%，全净膛率 69%，胸肌率 15.9%，腹脂率 3.58%。

图 1-9 金陵黄鸡

三、慢速型优质肉鸡

普遍 100 日龄以后上市，上市体重在 1 100 克以上。

1. 汶上芦花鸡（图 1-10）

原产于山东省汶上县的汶河两岸，与汶上县相邻地区也有分布，横斑羽是该鸡外貌的基本特点。作为肉用时出栏时间为 120～150 日龄，公鸡平均体重 1 420 克，母鸡平均体重 1 278 克。半净膛率公鸡为 81.2%，母鸡为 80.0%；全净膛率公鸡为 71.2%，母鸡为 68.9%。

图 1-10 汶上芦花鸡

2. 粤禽皇 3 号（图 1-11）

由广东粤禽育种有限公司培育。商品代肉鸡 105 日龄公鸡平均体重为 1 847.50 克，料肉比 3.99:1，母鸡平均体重为 1 723.50 克，料肉比为 4.32:1。

图 1-11 粤禽皇 3 号

第三节 "817"小型肉鸡

"817"小型肉鸡（图1-12）又称为"肉杂鸡"，由山东省农业科学院家禽研究所1988年推出，是用快大型白羽肉鸡父母代父系公鸡作父本与商品代褐壳蛋鸡杂交，生产小型肉鸡的一种杂交制种模式。此模式具有3个优点：一是商品代蛋鸡产蛋量高，制种成本低；二是肉质好、胸肌厚度适中，调味品容易渗入，腿长度适中，利于扒鸡、烧鸡等深加工产品造型；三是体型小，符合现代小型家庭一餐一只鸡的消费需求，深受市场欢迎。

该鸡全身白色，偶有黑色斑点，腿黄色，单冠直立，冠髯鲜红。出栏时间因用途而不同，用于制作扒鸡、烧鸡等传统深加工产品时，一般30～35日龄出栏，出栏体重900～1000克，料肉比1.75:1；用于生产西装鸡、分割鸡等产品时，一般饲养至42～49日龄出栏，出栏体重1200～1400克，料肉比（1.85～2.0):1。

图1-12 "817"小型肉鸡

第二章 养殖设施化

第一节 商品肉鸡场的选址

一、法律法规要求

参照《中华人民共和国畜牧法（2006）》第四章第四十条的规定，禁止在下列区域内建设畜禽养殖场、养殖小区：生活饮用水的水源保护区，风景名胜区，以及自然保护区的核心区和缓冲区，城镇居民区、文化教育科学研究区等人口集中区域（图2-1）。

远离水源保护区　　　　　　　　　　远离人口集中区域

远离自然风景区

图 2-1 畜牧法规定的禁养区域

根据动物防疫条件审查办法（中华人民共和国农业部令2010年第7号）的规定，动物饲养场、养殖小区选址应当符合下列条件（图2-2，图2-3）：（一）距离生活饮用水源地、动物屠宰加工场所、动物和动物产品集贸市场500米以上；距离种畜禽场1 000米以上；距离动物诊疗场所200米以上；动物饲养场（养殖小区）之间距离不少于500米；（二）距离动物隔离场所、无害化处理场所3 000米以上；（三）距离城镇居民区、文化教育科研等人口集中区域及公路、铁路等主要交通干线500米以上。

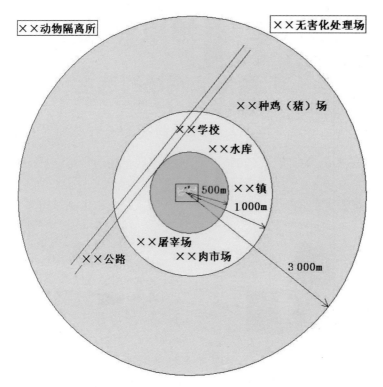

图 2-2 肉鸡场选址要求

图 2-3 肉鸡场选址实例

二、地形地势要求

鸡场要选择在地势高燥、位于居民区及公共建筑下风向的地方。在丘陵山地建场要选择向阳坡，坡度不超过20°。鼓励选择山地、林地等非农耕地进行鸡场建设，利用地形地势及自然林木形成天然的隔离带（图2-4，图2-5）。

图 2-4 地形地势要求

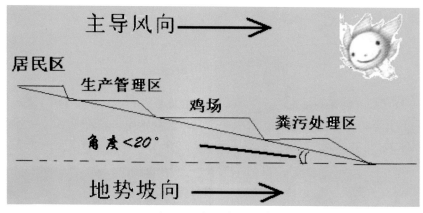

图 2-5 鸡场选址要求

三、地质土壤要求

一般鸡场应选择土壤透气性强、透水性良好、质地均匀、导热性小，未被传染病或寄生虫病原体污染过的地方（图2-6），地下水位不宜过高。

图 2-6 典型的沙土与壤土

四、水源水质要求

水源可靠充足，能够满足生产、生活、废弃物处理等用水；根据取用方便、节水经济的原则，可选择地表水、地下水、自来水或搭配选择。饮用水水质应达到《无公害食品 - 畜禽饮用水水质》（NY 5027-2008）的要求，必要时采用水质净化系统（图2-7）。

图 2-7 水源水质保障

五、道路交通要求

肉鸡场交通要便利，应修建专用道路与主要公路相连；场内道路要硬化，拐弯处要设置足够的拐弯半径（图2-8）。

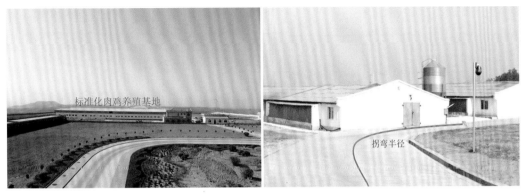

图 2-8 肉鸡场内外的道路设计

六、电力、通讯要求

标准化肉鸡场必须配备发电机，确保24小时电力供应。要求通讯方便，信息网络健全，提倡安装监控等智能化设施（图2-9）。

图 2-9 电力控制与智能化控制

七、气候环境要求

应充分了解当地的极端气候状况，如最高最低气温、降雨量与积雪深度、最大风力、常年主导风向、日照时长等气候环境（图2-10），据此确定鸡舍建筑设计及设备配置，为肉鸡生产提供适宜的环境条件。

图 2-10 选择适宜的气候环境

八、绿化要求

绿化包括防风林、隔离林、行道绿化、绿地等，肉鸡场不提倡种植高大树木，多数种植灌木等进行绿化，但不能产生花粉花絮等；选址时与周围种植业结合可以增强隔离效果，增加绿化面积和综合经济效益（图2-11）。

图 2-11 鸡场内外绿化

第二节 鸡场与鸡舍布局

一、总体布局

肉鸡场分为生活办公区（含办公室、宿舍、食堂等）、生产区（包括生产用房和辅助用房）、隔离区（包括兽医室、废弃物处理等区域），生活区与生产区之间有隔离墙与消毒通道；隔离区应设在下风处和地势最低的地段（图2-12，图2-13）。

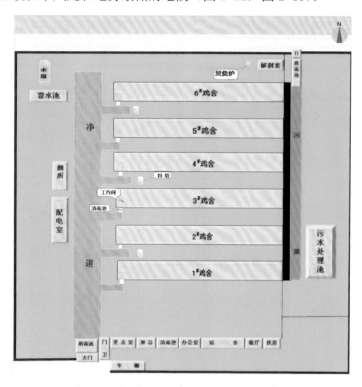

图 2-12 标准化肉鸡场分区布局示意图

图 2-13 鸡场布局实景

二、场区出入口设计

场区入口处设置与门同宽、长 4 米深 0.3 米以上的消毒池，上方有防雨棚遮盖，两侧需配备车辆喷雾消毒等设施。要有专门的净道入口（图 2-14）、污道出口（图 2-15），以防病原微生物污染净道。

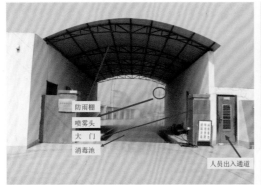

图 2-14 净道入口

图 2-15 污道出口

三、更衣消毒室

用于人员进出消毒隔离，防止病原微生物的交叉感染，一般包括脚踏消毒池、更衣间、淋浴间、洗手消毒池等（图 2-16～图 2-18）。

图 2-16 更衣间

图 2-17 淋浴间

图 2-18 洗手消毒

四、鸡舍的排列布局

鸡舍的排列要根据地形地势、鸡舍的数量和每栋鸡舍的长度等设计为单列（图2-19）或双列（图2-20）。不管哪种排列，净道与污道要严格分开，不能交叉；不同布局的鸡舍均应以污道最少为原则。

图 2-19 鸡舍单列布局排列

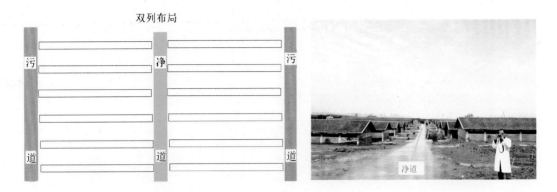

图 2-20 双列布局排列

五、鸡舍的朝向

鸡舍的朝向要由地理位置、气候环境等来确定，应满足鸡舍日照、温度和通风的要求。选取三个地方为例（图2-21），北京最佳朝向为南偏西30°～45°，广州、上海稍偏南0°～15°为最佳。

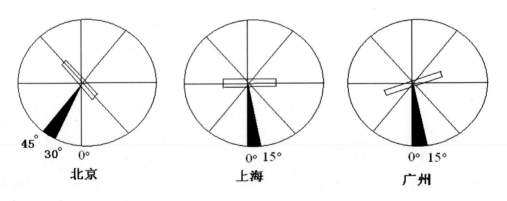

图 2-21 三个代表城市的适宜朝向

六、鸡舍的间距

开放式鸡舍间距达到鸡舍高度的3～5倍时就可满足防疫、日照、通风、消防等要求，在以上要求基础上考虑占地面积最小。日照、通风等因素对密闭式鸡舍的影响不大，可适当减小鸡舍间距（图2-22，图2-23）。

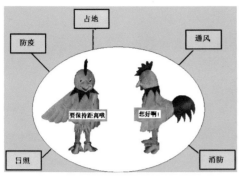

图 2-22 设计鸡舍间距考虑的 5 个因素　　　图 2-23 鸡舍间距实例

第三节 鸡舍的设计与建筑

一、鸡舍的类型

1. 密闭式鸡舍（图 2-24，图 2-25）

采用人工控制温度、湿度和空气质量，舍内小环境相对稳定，鸡群受外界环境因素的干扰较少，生产性能发挥稳定。这种鸡舍一次性投资大，对煤、电等能源的依赖性较大，适宜于标准化规模肉鸡场。

图 2-24 密闭式鸡舍外观

图 2-25 密闭式鸡舍内部

2. 开放式鸡舍（图 2-26）

开放式鸡舍最常见的形式是南面留大窗户，北面留小窗户。这类鸡舍常配备光照设备，以补充自然条件下的光照不足。开放式鸡舍全部靠自然通风，除育雏期外，舍内温度、湿度基本随季节的变化而变化，适宜南方平均气温较高的地区。

图 2-26 开放式鸡舍内外

3. 半开放式鸡舍（图 2-27）

在开放式鸡舍的基础上，增加机械通风降温系统等环境控制设备，在外界环境条件适宜时横向自然通风，夏季炎热时纵向通风、水帘降温。横向纵向通风灵活运用，保证舍内温度与空气质量的同时，节省电力。

图 2-27 半开放式鸡舍内外

4. 连栋鸡舍（图 2-28）

独栋鸡舍设计同封闭式鸡舍，多栋鸡舍彼此相连组成连栋鸡舍。相邻鸡舍间共用侧墙，减少鸡舍散热，节约能源，还可节约建筑成本与土地资源。缺点是对通风系统、光照系统等鸡舍环境控制要求较高，必须确保电力供应。该模式要求全进全出，所以雏鸡供应、屠宰加工等配套措施必须匹配。

图 2-28 连栋鸡舍实例

二、建筑基本要求

鸡舍的长宽高设计要因地制宜，结合周围环境气候、饲养方式、设备安装等因素综合考虑。现代标准化鸡舍机械化集约化程度高，宽度 12～14 米，长度 120～140 米，檐高 1.8 米以上。目前，有标准化规模肉鸡舍宽度增加到 30 米以上，提高了土地利用率，取得良好效果（图 2-29）。

图 2-29 鸡舍建筑实例

鸡舍建筑包括地基、墙、屋顶、门、窗、过道等结构及防鼠防鸟设施。地面要求光、平、滑、燥，有一定的坡度利于排水。屋顶主要采用双坡式与拱顶式，实景参照密闭式鸡舍。鸡舍的门与过道宽度以操作方便为宜，可设天窗增强采光与通风，上面安装无动力风机效果更好。鸡舍地面用混凝土结构以防鼠害，半开放鸡舍加防护网防鸟进入（图 2-30，图 2-31）。

图 2-30 无动力风机

图 2-31 防鸟网与硬化地面

第四节 饲养设备

一、饮水系统

1. 储水设备

标准化规模肉鸡场存栏量多，要求水源稳定，且必须具备应急条件下的饮水供应设备。

2. 水质净化设备

水质不达标的地区，需安装水质净化设备，确保饮水安全。为防止乳头堵塞，在鸡舍供水管线上安装杂质过滤装置，除去水中悬浮杂质（图 2-32）。

图 2-32 杂质过滤装置

3. 饮水设备

主要应用的有吊塔式饮水器、乳头饮水器（图 2-33）。吊塔式饮水器又称自流式饮水器（图 2-34），它的优点是不妨碍鸡的活动，性能可靠，主要用于平养鸡舍。乳头饮水器具备饮水清洁、节水等优点，已被大多数标准化肉鸡场采用。

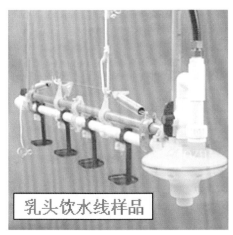

图 2-33 乳头饮水器设备

图 2-34 吊塔式饮水器

二、喂料设备

1. 人工喂料设备

(1) 料盘（见图 2-35）： 一般设计成四周吃料，下方设计隔网防止鸡只踩入，保持饲料卫生；平养育雏早期使用。

(2) 长料槽（图 2-36）： 适用于笼养肉鸡舍，一般采用硬质塑料制作，可以根据肉鸡不同生长期设计料槽的倾斜角度、高矮、宽度，所有食槽靠近鸡的一端应有卷曲弧度，防止鸡啄食时将饲料带出。规模化肉鸡场经常结合行车式喂料设备使用。

(3) 料车与喂料撮子（图 2-36）： 料车里装料，人工推动轮子行走喂料；喂料撮子可以做成各种形状，但要求结实耐用，上方应有把手便于操作。黄羽肉鸡网上笼养多采用这种给料方法。

图 2-35 料盘人工喂料　　　　图 2-36 长料槽人工喂料

2. 自动喂料设备

(1) 贮料塔： 塔体一般由高质量的镀锌钢板制成，其上部为圆柱形，下部为圆锥形（图2-37）；可根据用户要求配置气动方式填料或绞龙加料装置；设计在鸡舍一端或侧面，配合笼养、平养自动喂料系统。节省人工和饲料包装费用，减少饲料污染环节。

图 2-37 贮料塔的应用

（2）**绞龙式喂料机**：该输料系统运行平稳，能迅速将饲料送至每个料盘中并保证充足的饲料；自动电控箱配备感应器，大大提高了输料准确性；料盘底部容易开合，清洗方便（图2-38）。

图 2-38 绞龙式喂料机

（3）**行车式喂料机**：行车式喂料机（图2-39）根据料箱的配置不同可分为顶料箱式和跨笼料箱式；根据动力配置不同可分为牵引式和自走式。顶料箱行车式喂料机设有料桶，当驱动部件工作时，将饲料推送出料箱，沿滑管均匀流放食槽。跨笼料箱行车式喂料机根据鸡笼形式有不同的配置，当驱动部件运转带动跨笼箱沿鸡笼移动时，饲料便沿锥面下滑落放食槽中。

图 2-39 行车式喂料

三、笼具设备

见第六章主推技术模式。

第五节 环境控制设施

一、通风控制

通风直接关系到温度、湿度、有害气体浓度、微生物、粉尘及饲养环境中的氧气含量等环境因素,通风是控制鸡舍内环境的最重要措施。

1. 纵向通风

标准化规模鸡场主要采用纵向负压通风方式,风机一般安装在污道的山墙上,对应的净道山墙或侧墙端水帘作为进风口(图2-40,图2-41)。设计通风量必须满足夏季极端高温条件下的通风需要,并安装足够的备用风机。

图 2-40 纵向通风净区端水帘

图 2-41 纵向通风污区端山墙风机

2. 横向通风

目前,标准化鸡舍大都采用纵向通风,但当鸡舍过长或跨度很大时,为提高通风均匀度,常在侧墙上安装一定数量的风机,在纵向通风的同时,辅助以横向通风(图2-42)。

图 2-42 辅助横向通风

3. 通风控制

通风要求舍内均匀无死角，现代化的肉鸡舍，安装舍内环境参数自动测定和控制设备，实现了鸡舍环境的数字化精准控制。根据测定结果自动调节进风口的开关大小（图 2-43），达到调节舍内环境条件的目的。

图 2-43 通风口大小自动调节

对于跨度较大的鸡舍，横向辅助风机已不能满足实际需要，在纵向负压通风的同时，在两侧墙上设计进风口，对应进风口间用塑料管连接，在塑料管上设计进风口，有效地解决了大跨度鸡舍的通风均匀度问题（图 2-44）。

图 2-44 特殊设计提高通风均匀度

二、控温设施

1. 加温设施

(1) 保温伞供暖：干净卫生，雏鸡可在伞下进出，寻找适宜的温度区域；缺点是耗电较多。育雏伞（图2-45）作为热源加温时，根据雏鸡的行为表现，调整保温伞的高度等。目前部分小型标准化规模肉鸡场仍然采用这种供暖方式。

图 2-45 育雏伞供暖

(2) 暖风炉供暖：暖风炉在鸡舍操作间一端安装（图2-46）。启动后，空气经热风炉的预热区预热后进入离心风机，再由离心机鼓入炉心高温区，在炉心循环使气温迅速升高，然后由出风口进入鸡舍，使舍温迅速提高，并保证了舍内空气的新鲜清洁。

图 2-46 暖风炉供暖主要设备

（3）**暖气供暖**：有气暖和水暖两种，热效率高，适用于大型标准化养殖场（图2-47）。

图 2-47 暖气集中供热

2. 降温设施

（1）**水帘降温**：是最常见的降温方式。将水帘安装在鸡舍净道端山墙上（图2-48），污道山墙上安装风机纵向通风。水帘或风机安装在侧墙上容易造成通风不均匀，降温效果受到较大影响。

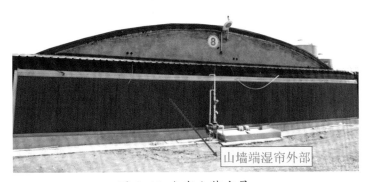

图 2-48 水帘安装实景

（2）**喷雾降温**：在酷热的夏季，鸡舍温度较高，利用自动喷雾降温设备（图2-49）在鸡舍内喷洒极细微雾滴，大量雾滴在降落过程中因吸热而汽化，从而使鸡舍温度降低，达到高温应急降温的目的。缺点是长时间使用会使舍内湿度增加,在潮湿环境条件下不宜使用。

图 2-49 喷雾降温设备

三、光照设备

1. 主要灯具

灯具推荐使用节能灯（图 2-50），白炽灯已很少使用。使用伞灯时需注意光源清洁，以便增强光照强度。层叠笼养等立体养殖方式需要考虑光照均匀度，需在不同高度安装 2 排甚至 3 排灯具。

图 2-50 灯具应用

2. 光照控制器

光照控制器（图 2-51）设计有手动与自动状态，供阴天或应急状态自由转换 ； 可以设计多个光照或黑暗时间段。目前标准化养殖场多已采用。

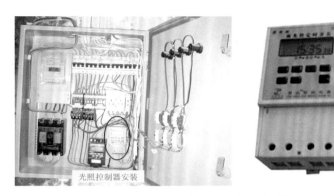

图 2-51 光照控制器

四、鸡舍自动控制系统

采用计算机中央控制模块，实现鸡舍环境和饲喂操作的自动控制。通过数字化控制通风、加热等鸡舍环境控制设备，将舍内的环境温度、湿度、有害气体浓度控制在设定范围内，为肉鸡生长提供适宜环境，具体温度、湿度、空气质量等要求将在第三章阐明。饲喂操作自动化大大减轻了劳动强度，提高了劳动效率。

1. 自动控制系统

自动控制系统主机安装鸡舍环境控制系统（图 2-52）和饲喂控制系统。用户只需调整到肉鸡所处的日龄，就可实现自动化管理。如果某项指标达不到要求时自动报警。

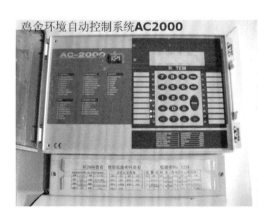
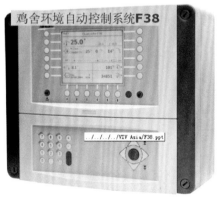

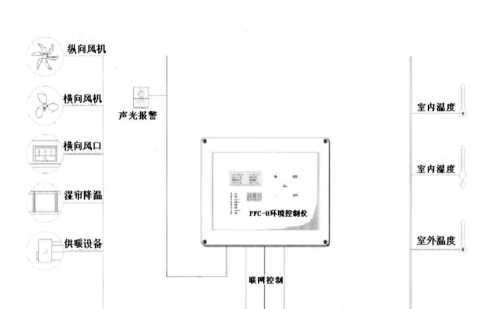

图 2-52 三种不同型号的环境控制仪

2. 主要设备

主要包括环境控制设备和饲养设备。前者包括通风设备（风机、风口），降温设备（水帘、风机）、供暖设备（暖风机等）、加湿器、照明设备等，后者包括喂料设备、自动清粪设备等（图 2-53）。

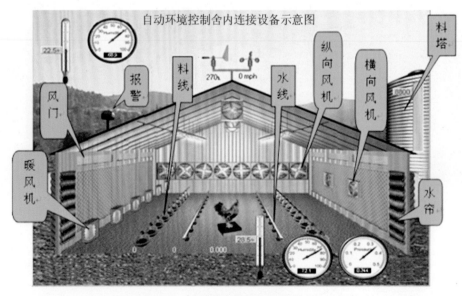

图 2-53 环境控制系统配备设备

3. 应用实例

吉林德大有限公司夏家店养殖场采用层叠式笼养技术，实现了鸡舍环境控制、饲喂操作的自动化管理。图 2-54 是其自动化控制间的控制设备。

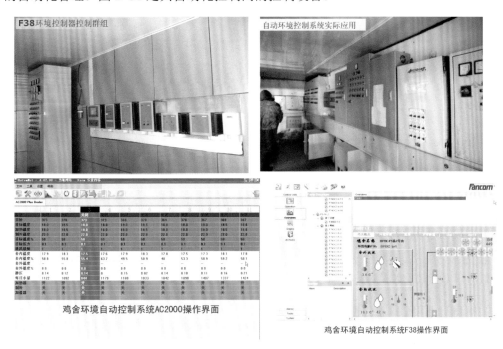

图 2-54 环境控制系统实际应用

第三章 生产规范化

第一节 进雏前的准备

一、鸡舍及物品的清洗

进雏前要将鸡舍彻底打扫干净，对鸡舍用品、用具进行彻底清洗（包括地面、门窗、墙壁四周和天花板等），将可移动工具搬出舍外进行冲刷、晾晒（图3-1、图3-2）。

图 3-1 鸡舍及其物品的清洗

图 3-2 清洗好的鸡舍

二、消毒

鸡舍刷洗干净后，把所有饲养设备安装到位，进行内外消毒。采用厚垫料平养的，要提前铺好经过处理的垫料。

1. 喷雾消毒

一般安装自动喷雾消毒装置对地面、墙壁、窗户等消毒，其他喷雾难以接触到的金属用具用消毒液进行洗刷消毒。

表 3-9 中国肉用仔鸡维生素需要量

营养指标	单位	周龄		
		0 ～ 3	4 ～ 6	7 至出栏
维生素A	IU/kg	8 000	6 000	2 700
维生素D	IU/kg	1 000	750	400
维生素E	IU/kg	20	10	10
维生素K	mg/kg	0.5	0.5	0.5
硫胺素	mg/kg	2.0	2.0	2.0
核黄素	mg/kg	8	5	5
泛酸	mg/kg	10	10	10
烟酸	mg/kg	35	30	30
吡哆酸	mg/kg	3.5	3.0	3.0
生物素	mg/kg	0.18	0.15	0.10
叶酸	mg/kg	0.55	0.55	0.50
维生素B$_{12}$	mg/kg	0.010	0.010	0.007
胆碱	mg/kg	1 300	1 000	750

2. 优质肉鸡的饲养标准

我国于 2004 年新修订了农业行业标准（中华人民共和国农业行业标准 NY/T33-2004），并确定了黄羽肉鸡（优质肉鸡）的饲养标准（表 3-10 ～ 表 3-12）。

表 3-10 黄羽肉鸡仔鸡常规营养成分需要

营养指标	单位	周龄		
		公鸡 0 ～ 4 母鸡 0 ～ 3	公鸡 5 ～ 8 母鸡 4 ～ 5	公鸡 > 8 母鸡 > 5
代谢能	MJ/kg	12.12	12.54	12.96
粗蛋白质	%	21.0	19.0	16.0
钙	%	1.00	0.90	0.80
总磷	%	0.68	0.65	0.60
有效磷	%	0.45	0.40	0.35
赖氨酸	%	1.05	0.98	0.85
蛋氨酸	%	0.46	0.40	0.34
蛋氨酸+胱氨酸	%	0.85	0.72	0.65

表 3-11 黄羽肉鸡微量元素的需要

营养指标	单位	周龄		
		公鸡 0 ～ 4 母鸡 0 ～ 3	公鸡 5 ～ 8 母鸡 4 ～ 5	公鸡 > 8 母鸡 > 5
氯	%	0.15	0.15	0.15
铁	mg/kg	80	80	80
铜	mg/kg	8	8	8
锰	mg/kg	80	80	80
锌	mg/kg	60	60	60
碘	mg/kg	0.35	0.35	0.35
硒	mg/kg	0.15	0.15	0.15
亚油酸	%	1	1	1

表 3-12　黄羽肉鸡维生素的需要

营养指标	单位	周龄		
		公鸡 0～4 母鸡 0～3	公鸡 5～8 母鸡 4～5	公鸡＞8 母鸡＞5
维生素A	IU/kg	5 000	5 000	5 000
维生素D	IU/kg	1 000	1 000	1 000
维生素E	IU/kg	10	10	10
维生素K	mg/kg	0.5	0.5	0.5
硫胺素	mg/kg	1.8	1.8	1.8
核黄素	mg/kg	3.6	3.6	3.6
泛酸	mg/kg	10	10	10
烟酸	mg/kg	35	30	25
吡哆酸	mg/kg	3.5	3.5	3.0
生物素	mg/kg	0.15	0.15	0.15
叶酸	mg/kg	0.55	0.55	0.55
维生素B_{12}	mg/kg	0.010	0.010	0.010
胆碱	mg/kg	1 000	750	500

　　饲养标准或营养需要的制订都是以一定的条件为基础，有其适用范围。所以实际应用时要根据饲养方式、环境条件、疾病及其他应激因素适当调整。

二、配合饲料的种类

　　配合饲料是指根据不同品种、不同生长阶段、不同生产要求的营养需要，按科学配方把不同来源的饲料原料，依一定比例均匀混合，并按规定的工艺流程生产以满足各种实际需求的饲料。

1. 按营养成分分类

　　饲料按营养成分可分为预混料、浓缩料和全价料（图 3-30～图 3-32），其关系见图 3-33。

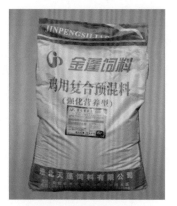

图 3-30 预混料

预混料又称添加剂预混料，一般由各种添加剂加载体混合而成，是一种饲料半成品。可供生产浓缩饲料和全价饲料使用，其添加量为全价饲料的 0.5%～5%，不能直接饲喂动物，是配合饲料的核心。

图 3-31 浓缩料

浓缩料不含能量饲料，需按生产厂的说明与能量饲料配合稀释后方可应用，通常占全价配合饲料的 20%～30%。

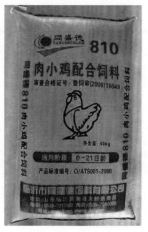

图 3-32 全价料

全价料又称全价配合饲料，能够全面满足肉鸡的营养需要，不需要另外添加任何营养性物质的配合饲料。

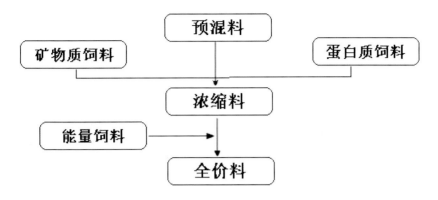

图 3-33 各类配合饲料之间的关系

2. 按物理形状分类

全价配合饲料按饲料形状可分为粉料、颗粒料和碎裂料，这些不同形状的饲料各有其优缺点，可酌情选用其中的一种或两种。目前，肉鸡标准化规模养殖场多采用颗粒料或粉料（图 3-34、图 3-35）。

图 3-34 粉料

将各种饲料原料磨碎后，按一定比例混合均匀而成，营养完善。但缺点是鸡易挑食，粉尘大。粉料的细度应在 1 ～ 2.5 毫米，过细鸡不易下咽，适口性变差。

图 3-35 颗粒料

颗粒料是粉料经颗粒机制粒得到的块状饲料，多呈圆柱状，适口性好，饲料报酬高，但成本较高。

3. 按生理阶段分类

肉仔鸡的饲料配方目前有两种形式，即两段式和三段式饲养（图3-36）。一般两段式划分方法是0～4周为前期，5周到出栏为后期；三段式划分是0～3周为前期、4～6周为中期、7周到出栏为后期。

图 3-36 不同饲养阶段饲料

第八节 饲料品质要求与检测

一、肉鸡配合饲料品质的要求

配合饲料的质量必须符合《无公害食品畜禽饲料和饲料添加剂使用准则》（NY 5032-2006）和《产蛋后备鸡、产蛋鸡、肉用仔鸡配合饲料》（GB/T 5916-2008）规定的质量标准。

二、常规养分的检测

为了保障饲料质量，根据GB/T 5916-2008 和 NY 5032-2006 要求，应对配合饲料常规成分如水分、粗蛋白、钙、磷、粗脂肪、粗灰分、混合均匀度等指标进行检测。

1. 水分

水分的含量对配合饲料质量的影响非常大，水分过高饲料容易发霉、腐败，因此，要控制水分含量（图3-37）。北方不高于14%，南方不高于12.5%。

图 3-37 快速水分测定仪

2. 粗蛋白质

粗蛋白质的测定是按照 GB/T 6432-94 规定利用凯氏定氮法测定配合饲料中粗蛋白含量（图 3-38）。

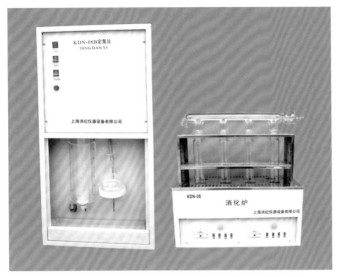

图 3-38 凯氏定氮仪

3. 磷

根据 GB/T 6437-2002 规定利用钼黄分光光度法测定饲料中总磷的含量（图 3-39）。

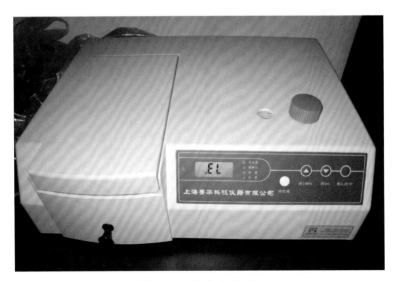

图 3-39 分光光度计

4. 粗脂肪

GB/T 6433-2006《饲料中粗脂肪的测定》规定粗脂肪的测定采用索氏抽提法利用乙醚提取脂肪进行测定（图 3-40）。

图 3-40 索氏抽提仪

5. 钙

根据 GB/T 6436-2002 规定利用高锰酸钾或者乙二胺四乙酸二钠滴定法测定饲料中钙的含量（图 3-41）。

图 3-41 钙含量滴定测定

6. 均匀度

测定配合饲料的混合均匀度，用以保证各原料混合均匀，肉鸡采食后营养全面（图3-42）。

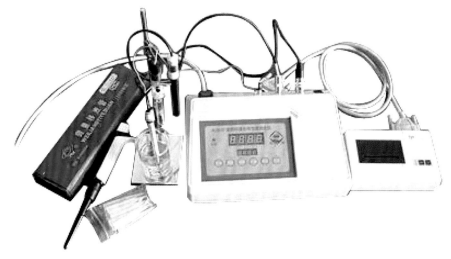

图 3-42　均匀度测定仪

7. 硬度

硬度过大是由于饲料中含水分太少，口感差，也不利于消化；太软是因为饲料含水分太多，容易霉变，保质时间短（图3-43）。

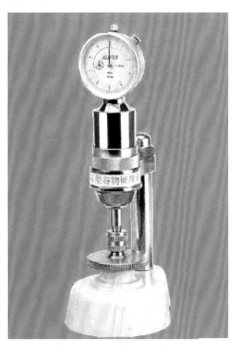

图 3-43　饲料硬度测定

三、违禁添加成分的检测

为保证饲料的安全性，需按照《饲料卫生标准》（GB13078-2001）等要求检测盐酸克仑特罗、呋喃唑酮、莱克多巴胺、喹乙醇等违禁添加成分。

1. 呋喃唑酮、喹乙醇

执行 NY/T 727-2003《饲料中呋喃唑酮的测定》标准，利用高效液相色谱法；用于含 10～5 000 毫克／千克呋喃唑酮的配合饲料和含量为 0.5%～20% 的预混合饲料及浓缩饲料。GB/T 8381.7-2009《饲料中喹乙醇的测定 高效液相色谱法》适用于配合饲料、浓缩饲料和添加剂预混合饲料中喹乙醇的测定，最低定量限为 1 毫克／千克，检出限为 0.1 毫克／千克（图 3-44）。

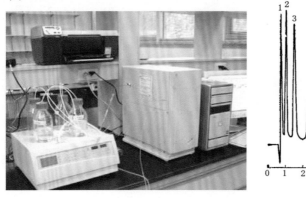

图 3-44 高效液相色谱仪检测

2. 沙丁胺醇、莱克多巴胺和盐酸克仑特罗

执行 GB/T 22147-2008《饲料中沙丁胺醇、莱克多巴胺和盐酸克仑特罗的测定 液相色谱质谱联用法》标准，同步测定饲料中沙丁胺醇、莱克多巴胺和盐酸克仑特罗的测定 液相色谱质谱联用法，适用于配合饲料、浓缩饲料和添加剂预混合饲料中沙丁胺醇、莱克多巴胺和盐酸克仑特罗的测定（图 3-45）。

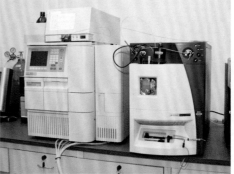

图 3-45 液相色谱质谱联用

3. 黄曲霉毒素

GB/T 17480-2008《饲料中黄曲霉毒素 B_1 的测定　酶联免疫吸附法》规定了饲料中黄曲霉毒素 B_1 的酶联免疫吸附测定（ELISA）方法（图 3-46）。适用于各种饲料原料、配合饲料及浓缩饲料中黄曲霉毒素 B_1 的测定。检出限为 0.1 微克 / 千克。

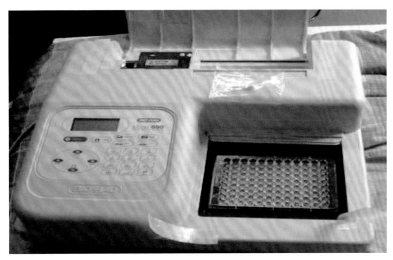

图 3-46 酶联免疫吸附

第九节 饲料的选择与贮运

一、选择全价饲料应注意的问题

1. 选择实力强、信誉好的生产企业

由于生产饲料的企业众多，用户需选择产品质量稳定的企业，确保产品质量。

2. 切忌重复使用添加剂

全价饲料中加入了一些常用添加剂，购买时应注意了解其添加剂的种类，避免重复添加该类添加剂。

二、配合饲料的运输

启运前，应严格执行饲料卫生标准，原料与成品不要同车装运，已经污染的饲料不许装运。运输的车船应保持清洁干燥，必要时需做消毒处理。运输过程中要轻装轻卸，防止包装破损，防雨防潮，减少再污染的机会和霉败。最好采用罐车运输散装饲料至料塔，减少包装费用和污染机会（图 3-47）。

图 3-47 饲料的运输

三、配合饲料的贮存

1. 贮存方式

饲料要保存在通风干燥、低温、避光和清洁的环境中,并注意保质期(图 3-48,图 3-49)。

图 3-48 饲料塔

图 3-49 饲料库

2. 影响饲料贮存的因素 (图 3-50)

温度: 对贮藏饲料的影响较大, 高温会加快饲料中营养成分的分解速度, 还能促进微生物、储粮害虫等的繁殖和生长, 导致饲料发热霉变。

阳光: 照射一方面会使饲料温度升高, 另一方面会促进饲料中营养物质的氧化, 以及维生素蛋白质的失活或者变性，影响营养价值和适口性。

虫、鼠害：虫害会造成营养成分的损失或毒素的产生。鼠的危害不仅在于它们吃掉大量的饲料，而且还会造成饲料污染，传播疾病。为避免虫害和鼠害，在贮藏饲料前，应彻底清扫仓库内壁，夹缝及死角，堵塞墙角漏洞，并进行密封熏蒸消毒处理。

霉菌：饲料在贮存、运输、销售和使用过程中极易发生霉变，霉菌不仅消耗、分解饲料中的营养物质，还会产生霉菌毒素，引起畜禽腹泻、肠炎等，严重的导致死亡。

水分和湿度：当水分控制在 10% 以下（即水分活度不大于 0.6），任何微生物都不能生长。配合饲料的水分大于 13%，或空气中湿度大，都会使饲料容易发霉。因此，在常温仓库内贮存饲料时要求空气的相对湿度在 70% 以下，饲料含水量以北方不高于 14%，南方不高于 12.5% 为宜。配合饲料包装要用双层袋，内用不透气的塑料袋，外用纺织袋包装，仓库要经常保持通风、干燥。

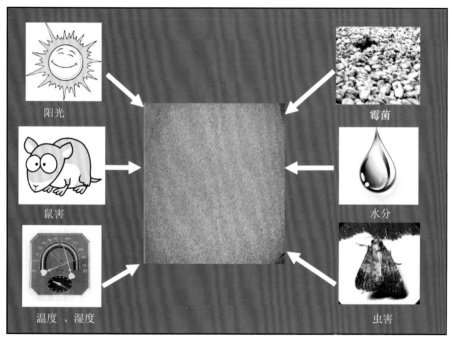

图 3-50 影响饲料贮存的因素

第四章 防疫制度化

第一节 消毒

消毒是肉鸡场生物安全措施的关键环节之一，一方面可以减少病原进入养殖场或鸡舍，另一方面可以杀灭已进入养殖场或鸡舍的病原。因此，消毒效果好坏直接关系到场外微生物能否传入到鸡场。

一、消毒设备

1. 高压清洗机（图4-1）

主要用途是冲洗鸡舍、饲养设备、车辆等，在水中加入消毒剂，可同时实现物理冲刷与化学消毒的作用，效果显著。

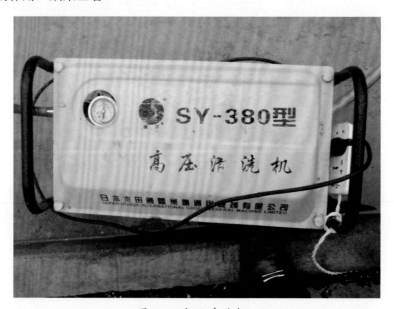

图4-1 高压清洗机

2. 高压喷雾装置（图4-2～图4-4）

喷雾消毒能杀灭场内、舍内灰尘和空气中的各种致病菌，大大降低舍内病原体的数量，从而减少传染病的发生，提高养殖场的经济效益。常用的带鸡消毒剂是0.3%过氧乙酸或0.1%次氯酸钠溶液等。

图 4-2 鸡舍内喷雾消毒设备   图 4-3 消毒通道喷雾消毒设备

图 4-4 气雾消毒装置

3. 保证消毒效果的措施举例

近年来，标准化肉鸡场借鉴其他行业经验，通过设备设施改进，保证了人员出入消毒通道必须达到规定的消毒时间，进一步加强消毒通道的消毒效果（图 4-5）。

图 4-5 不同类型消毒通道的延时设计

二、常用消毒剂

1. 卤素类消毒剂

卤素类中，作为消毒剂的主要是氯、碘以及能释放出氯、碘的化合物。含氯消毒剂是指在水中能产生杀菌作用的活性次氯酸的一类消毒剂，包括有机含氯消毒剂和无机含氯消毒剂（表 4-1）。

表 4-1 无机含氯消毒剂和有机含氯消毒剂比较

项目	无机含氯消毒剂	有机含氯消毒剂
种类	漂白粉、漂白精、三合二、次氯酸钠、二氧化氯等	二氯异氰尿酸钠、三氯异氰尿酸钠、二氯海因、溴氯海因、氯胺T、氯胺B、氯胺C等
主要成分	次氯酸盐为主	氯胺类为主
杀菌作用	杀菌作用较快	杀菌作用较慢
稳定性	性质不稳定	性质稳定

目前碘类消毒剂常用的是复合碘（图 4-6）和碘伏（图 4-7），能杀灭大肠杆菌、金黄色葡萄球菌、鼠伤寒沙门氏菌、真菌、结合分枝杆菌及各种病毒。复合碘稀释 100 ～ 300 倍使用，用于鸡舍、器械的消毒；碘伏 1:100 比例稀释，用于场地、鸡舍消毒。

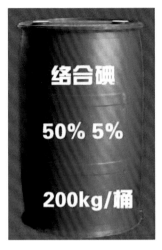

图 4-6 复合碘

图 4-7 碘伏

2. 酚类消毒剂

酚类多用一元酚，一般与其他类型消毒药混合制成复合型消毒剂，能明显提高消毒效果。复合酚（图 4-8）又名菌毒敌、畜禽灵，含酚 41% ～ 49%，醋酸 22% ～ 26%，呈深红褐色黏稠液体，有特异臭味。可杀灭细菌、真菌和病毒，对多种寄生虫卵也有杀灭作用。通常喷洒 0.35% ～ 1% 溶液，主要用于鸡舍、笼具、饲养场地、运输工具及排泄物的消毒等。

图 4-8 复合酚

3.酸类消毒剂

包括无机酸和有机酸两类。无机酸主要包括硝酸、盐酸和硼酸，有机酸包括甲酸、醋酸、乳酸和过氧乙酸等。最常用的过氧乙酸（图4-9）又名过乙酸，对细菌的繁殖体、芽孢、真菌和病毒均具有杀灭作用。常用 0.5% 溶液喷洒消毒鸡舍、料槽和车辆等；0.3% 溶液每立方米带鸡消毒；每升饮水加入 20% 过氧乙酸溶液 1 毫升，用于饮水消毒。注意过氧乙酸稀释液应现用现配。

图 4-9 过氧乙酸

4.碱类消毒剂

包括氢氧化钠、氢氧化钾、生石灰等碱类物质，对细菌的繁殖体、芽孢和病毒都有很强的杀灭作用。氢氧化钠（图4-10），又叫烧碱、火碱、苛性钠，常用 1% ～ 2% 的溶液，对鸡霍乱、鸡白痢等细菌和鸡新城疫等病毒污染的鸡舍、场地、车辆消毒；3% ～ 5% 溶液用于炭疽芽孢杆菌污染的场地消毒。

图 4-10 火碱（氢氧化钠）

5. 醇类消毒剂

醇类随分子量增加杀菌作用增强，但是分子量太大的醇类水溶性不够，所以生产中常用乙醇（又名酒精，图 4-11）杀死繁殖性细菌、痘病毒等，以 70% ~ 75% 杀菌效果最强，常用于皮肤、注射针头及医疗器械的消毒。

图 4-11 酒精

6. 醛类消毒剂

醛类能使蛋白质变性，杀菌作用比醇类强，可杀死细菌、芽孢、真菌和病毒。常用的福尔马林（图 4-12），为含有 38% ~ 40% 甲醛的水溶液。规模化鸡场常用戊二醛类消毒剂（图 4-13），地面消毒剂量 1:150 倍稀释。

图 4-12 甲醛

图 4-13 戊二醛类

7. 季铵盐类消毒剂

是一种阳离子表面活性剂，副作用小，无色、无臭、无刺激性、低毒安全。一种代表产品是新洁尔灭（图4-14），也叫苯扎溴铵，耐加热加压，性质稳定，对金属、橡胶、塑料制品无腐蚀作用。0.1%溶液消毒手术器械、玻璃、搪瓷等，0.15%～2%溶液可用于鸡舍的喷雾消毒。

另一种代表产品是百毒杀（图4-15），为双链季铵盐类消毒剂，主要成分是含量10%的癸甲溴铵，能杀灭肉鸡的主要病原菌、有囊膜的病毒和部分虫卵，有除臭和清洁作用。常用0.05%溶液进行浸泡、洗涤、喷洒等消毒鸡舍、用具和环境。将50%溶液1毫升加入10～20升水中，可消毒饮水槽以及用饮水防治传染性疾病。

图4-14 新洁尔灭消毒剂　　　图4-15 百毒杀消毒剂

三、消毒方法

1.物理消毒法

是指应用物理因素杀灭或清除病原微生物及其有害生物的方法，包括以下几种：

清除消毒：通过清扫、冲洗、洗擦和通风换气等手段达到消除病原体的目的，是最常用的消毒方法之一（图4-16）。具体步骤为：彻底清扫→冲洗（高压水枪）→喷洒2%～4%烧碱液→（2小时后）高压水枪冲洗→干燥。

图 4-16 鸡舍内清扫、冲洗过程

煮沸消毒：利用沸水的高温作用杀灭病原体。常用于针头、金属器械、工作服等物品的消毒。煮沸15～20分钟可以杀死所有的细菌的繁殖体（图4-17）。

高压蒸汽灭菌：高压蒸汽灭菌是通过加热来增加蒸汽压力，提高水蒸气温度，达到短灭菌时间的效果。常用于玻璃器皿、纱布、金属器械、培养基、生理盐水等消毒灭菌（图4-18）。

图 4-17 煮沸消毒　　　　　　　图 4-18 高压蒸汽灭菌锅

2. 化学消毒法

是利用化学药物杀灭或清除微生物的一种方法，根据微生物的种类选择不同的药物。常用化学消毒法有以下几种：

浸泡法：将一些小型设备和用具放在消毒池内，用药物浸泡消毒，如料盘、饮水盘、试验器材等的消毒（图4-19）。

图 4-19 料盘浸泡消毒池

图 4-20 地面撒石灰消毒

喷洒法：主要用于鸡舍地面及其周围环境的消毒，鸡舍内常用 0.2%～0.3% 过氧乙酸消毒，鸡舍周围环境用喷撒生石灰等消毒（图4-20）。

熏蒸法：清洗消毒后的鸡舍，经过物理或化学消毒处理后，常用福尔马林等进行熏蒸消毒，鸡舍封闭消毒 1～2 天，彻底消灭鸡舍内的病原体（图4-21）。

图 4-21 鸡舍内高锰酸钾和甲醛熏蒸

3. 生物消毒方法

主要是指利用发酵方法来杀死鸡粪中的病原微生物，具体方法将在第五章进行介绍。

第二节 生物安全措施

标准化肉鸡场要坚持全进全出的饲养制度，鸡场内不得饲养其他禽类，日常操作中要严格执行生物安全制度。

生物安全制度是指把引起传染性疾病的病原微生物、寄生虫和害虫等排除在养鸡场之外的技术措施。包括防止有害生物进入和感染鸡群所应采取的一切措施。生物安全是针对传染病传播的三大要素分别采取的技术措施（图4-22）。

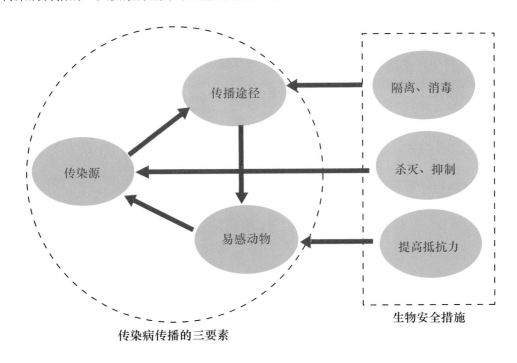

图 4-22 生物安全与传染病传播的三要素模式图

一、生物安全隔离

生物安全隔离是防止病原微生物进入鸡场的第一道防线，在鸡场内、外配备一定的防护设施来控制病原微生物进入鸡场，即切断病原微生物的传播途径，也就是"隔离"。生物安全隔离措施包括鸡场选址和布局（见第二章），鸡场的绿化（图4-23），以及鸡场各级消毒配套设施等。

图4-23 鸡场绿化

图4-24 鸡场边沿有围墙

鸡场周围用隔离墙等（图4-24）把整个鸡场包围起来,鸡场外可建防疫沟（图4-25），使鸡场形成一个相对独立的系统，有利于消毒和防疫。

图4-25 鸡场外防疫沟

二、进场车辆消毒

　　运输饲料、鸡苗等车辆是养殖场经常出入的运输工具，由于表面积大、携带病原微生物多，因此必须进行全面消毒。为此，养殖场门口需设置与门同宽，长4米、深0.3米以上的消毒池（图4-26、图4-27），要建雨棚和喷雾消毒设施，消毒池里面的消毒液要定期更换。

图 4-26 鸡场门口喷雾消毒

图 4-27 进场车辆需经过消毒池

三、人员出入场区

　　所有进场人员必须淋浴消毒、更衣后方可进入鸡场。首先进入外更衣室内把个人衣物放入衣柜中（图4-28），进入淋浴间（图4-29），洗澡后进入内更衣室，换上生产区清洁服装（图4-30）后进入场区。外来人员进场，需经负责人批准，做好来访记录（图4-31），执行前述淋浴消毒措施后进入。必须带入的个人物品须经熏蒸后方可带入（图4-32）。

图 4-28 外更衣室脱掉个人衣服

图 4-29 淋浴间洗澡

图 4-30 内更衣室换上工作服

图 4-31 外来人员登记

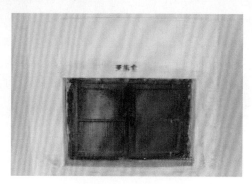

图 4-32 个人物品熏蒸消毒

四、人员出入鸡舍

在鸡舍的入口处，设置脚踏消毒池（图 4-33），进出人员实施脚踏消毒。

图 4-33 脚踏消毒

五、场区卫生与消毒

场区要定期清洗消毒，不留死角。一般一周消毒两次。消毒人员进行消毒作业时，必须做好必要的防护措施，防止对身体造成伤害（图4-34）。

图4-34 鸡场内定期消毒

六、鸡舍内的消毒

饮水消毒：饮水中经常含有大量的细菌和病毒，所以在鸡只饮用前要对饮用水进行净化、消毒处理。

带鸡消毒：规模化鸡场一般安装专用喷雾设备（图4-35，图4-36），使用刺激性气味小、对皮肤黏膜损伤很小的消毒剂，如百毒杀、卫可等。

图4-35 辅助鸡舍内雾线喷雾

图4-36 鸡舍内喷雾用雾线

第三节 疫苗选用和贮存

一、疫苗的选择

应根据当地疫病流行种类、流行程度、鸡群日龄大小及是否强化接种来确定疫苗的选择。对于从未发生过的疾病，不要轻易引入疫苗。流行疫情较轻、鸡群日龄小或初次免疫时选用弱毒疫苗，流行程度较严重、鸡群日龄大或加强免疫时选用毒力较强的疫苗。

各种疫苗在使用前和使用过程中，都必须按说明书上规定的条件保存（图4-37）（图4-38）。疫苗离开规定环境会很快失效，因此应随用随取，尽可能地缩短疫苗使用时间。

图4-37 2～8℃贮存疫苗

图4-38 活疫苗贮存在-20℃冰箱

二、疫苗的使用

免疫方法：冻干苗常采用点眼（图4-39）、滴鼻（图4-40）、饮水（图4-41，图4-42）、喷雾（图4-43）等免疫途径。点眼、滴鼻等免疫时冻干苗应现用现配。饮水免疫前应当根据季节适当停水1～2小时，要控制带有疫苗的饮水在2小时内饮完。

图4-39 点眼免疫

图4-40 滴鼻免疫

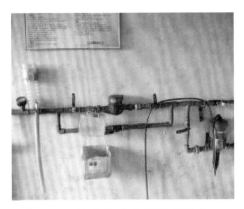
图 4-41 饮水免疫水源控制设备

图 4-42 饮水免疫小鸡饮水用的水线

灭活疫苗可根据鸡只日龄选择颈部皮下（图 4-44）、胸部浅层肌肉或大腿外侧肌肉注射免疫。

图 4-43 喷雾免疫

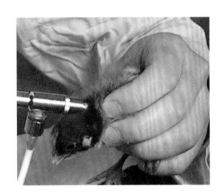
图 4-44 皮下注射免疫

三、商品肉鸡推荐免疫程序

应根据不同季节、雏鸡母源抗体水平、当地疫病流行状况等实际情况，制定合理免疫程序。推荐免疫程序见表 4-2。

表 4-2　饲养 42 日龄肉鸡推荐免疫程序

日龄（天）	疫苗种类	免疫途径	免疫剂量
5～7	新城疫-传支二联冻干苗	滴鼻、点眼	1.5头份/只
	新城疫-禽流感二联灭活疫苗	颈部皮下注射	0.3毫升/只
13～15	传染性法氏囊冻干苗 （中等以上毒力）	饮水	1.5头份/只
19～21	新城疫冻干苗	饮水	2～3头份/只

第四节　常见疫病防治

一、禽流感

1. 流行特点

禽流感病毒（AIV）宿主范围广泛，包括家禽、水禽、野禽、迁徙鸟类和哺乳动物（人、猫、水貂、猪等）等均可感染。以直接接触传播为主，被患禽污染的环境、饲料和用具均为重要的传染源。

2. 临床症状

高致病性AIV(HPAIV)感染可导致鸡群的突然发病和迅速死亡。鸡冠和肉垂水肿，发绀，边缘出现紫黑色坏死斑点（图4-45）。腿部鳞片出血严重（图4-46）。

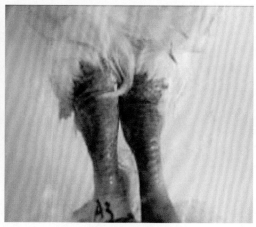

图 4-45 鸡冠和肉垂水肿，发绀，边缘紫黑色　　　　图 4-46 腿部鳞片出血

3. 病理变化

急性死亡鸡体况良好。呼吸道、消化道病变，气管充血、出血（图4-47）；腺胃乳头出血，腺胃与食道交接处有带状出血（图4-48）；胰腺出血、坏死（图4-49）；十二指肠及小肠黏膜有片状或条状出血；盲肠扁桃体肿胀、出血；泄殖腔严重出血；肝脏肿大、出血（图4-50）。

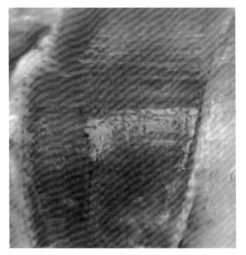

图 4-47 气管充血、出血

图 4-48 腺胃乳头出血

图 4-49 胰腺出血，肠道出血

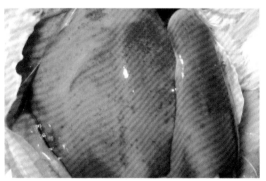

图 4-50 肝脏出血点

4. 防治措施

免疫接种是目前我国普遍采用的禽流感预防的强有力措施。必须建立完善的生物安全措施，严防禽流感的传入。高致病性禽流感一旦暴发，应严格采取扑杀措施。封锁疫区，严格消毒。低致病性禽流感可采取隔离、消毒与治疗相结合的防治措施。一般用清热解毒、止咳平喘的中药如大青叶、清瘟散、板蓝根等，抗病毒药物如病毒灵、金刚烷胺等对症治疗。此外，可以使用抗生素以防止细菌继发感染。

二、新城疫

1. 流行特点

新城疫病毒（NDV）的宿主范围很广。鸡、火鸡、珍珠鸡及野鸡都有较高的易感性。病鸡和隐性感染鸡是主要传染源，可通过呼吸道和直接接触两种方式传播。

2. 临床症状

最急性型新城疫多见于本病流行初期和雏鸡。病鸡体温高达 43～44℃，精神不振，卧地或呆立（图 4-51）；食欲减退或废绝；粪便稀薄，呈黄白色或黄绿色（图 4-52）；部分病鸡出现神经症状，表现站立不稳、扭颈、转圈、腿翅麻痹。

图 4-51 病鸡呆立

图 4-52 绿色粪便

非典型新城疫临床表现以呼吸道症状为主，口流黏液，排黄绿色稀粪，继而出现歪头，扭脖或呈仰面观星状等神经症状（图 4-53）。

图 4-53 神经症状

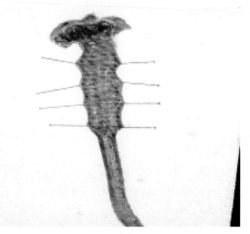

图 4-54 气管环出血

3. 病理变化

急性型 ND 病鸡全身黏膜和浆膜出血，气管黏膜有明显的充血出血（图 4-54），食道和腺胃交界处常有出血带或出血斑、点，腺胃黏膜水肿、乳头及乳头间有出血点（图 4-55），肠道黏膜密布针尖大小的出血点，肠淋巴滤泡肿胀，常突出于黏膜表面（图 4-56），盲肠扁桃体肿大、出血、坏死（图 4-57），直肠和泄殖腔黏膜充血、条状出血。

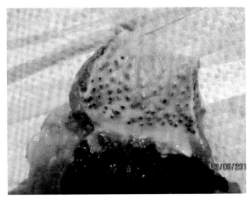
图 4-55 腺胃乳头出血

图 4-56 肠淋巴滤泡出血肿胀

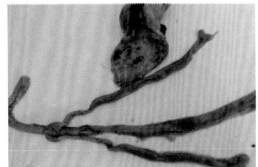

图 4-57 盲肠扁桃体肿大坏死

4. 防治措施

加强养殖场的隔离消毒和做好鸡群的免疫接种是预防本病的有效措施。一旦发生 ND 疫情，对病死鸡深埋，环境消毒，防止疫情扩散。同时，对周围鸡群进行紧急疫苗接种。雏鸡可用新城疫 Ⅳ 系或克隆 30 疫苗，4 倍量饮水；中雏以上可以肌注新城疫 Ⅰ 系、Ⅳ 系或克隆 30 疫苗，4 倍量饮水。

三、传染性支气管炎

1. 流行特点

传染性支气管炎（IB）仅感染鸡，其他家禽不感染。IB 分呼吸型、肾型、肠型等不同的临床表现。其中 2～6 周龄的鸡最易感染肾型 IB，成鸡很少感染肾型 IB。病鸡是主要的传染源。

2. 临床症状

肉仔鸡感染 IBV 后，主要表现为呼吸困难，有啰音或喘鸣音；感染肾型 IBV 时，病鸡排白色稀粪，脱水严重（图 4-58）。常导致高达 30% 的死亡率。

图 4-58 脱水，爪干瘪

3. 病理变化

呼吸型 IB 的主要病理变化表现为气管环黏膜充血，表面有浆液性或干酪样分泌物，有时可见气管下段有黄白色痰状栓子堵塞（图 4-59）。肾型 IB 的病理变化主要集中在肾脏，表现为双肾肿大、苍白，肾小管因聚集尿酸盐使肾脏呈槟榔样花斑（图 4-60）；两侧输尿管因沉积尿酸盐而变的明显扩张增粗。

4. 防治措施

加强饲养管理，定期消毒，严格防疫，免疫接种。对于已发病的鸡场要将病鸡隔离，病死鸡及时无害化处理，加强饲养管理和卫生消毒，减少应激因素。对肾型 IB，可给予乌洛托品、复合无机盐及含有柠檬酸盐或碳酸氢盐的复方药物。

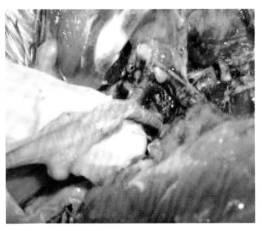

图 4-59 气管下段有黄白色痰状栓子

图 4-60 花斑肾

四、传染性法氏囊病

1. 流行特点

传染性法氏囊病（IBD）主要侵害 2 ～ 10 周龄的幼龄鸡群。病鸡是主要的传染源。IBD 可通过直接接触 IBDV 污染物，经消化道传播。

2. 临床症状

病鸡主要表现精神不振，翅膀下垂，羽毛蓬乱（图 4-61）；怕冷，在热源处扎堆，采食下降；病鸡排白色的水样粪便，肛门周围有粪便污染；发病后 3 ～ 4 天达到死亡高峰，呈峰式死亡，发病一周后，病死鸡数明显减少。

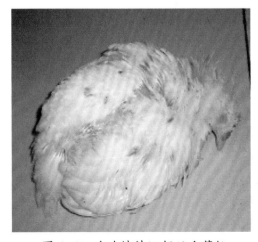

图 4-61 病鸡精神沉郁羽毛蓬松

图 4-62 病鸡腿部肌肉出血

3. 病理变化

病死鸡脱水，胸肌和腿肌有条状或斑状出血（图 4-62）；肌胃与腺胃交界处有溃疡和出血斑（图 4-63），肠黏膜出血；肾肿大、苍白（图 4-64）。

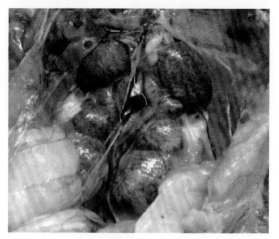

图 4-63 肌胃、腺胃交界处出血　　　　图 4-64 肾脏肿大，尿酸盐沉积

输尿管扩胀，充满白色尿酸盐。感染初期，眼观法氏囊充血、肿大，比正常大 2～3 倍，外被黄色透明的胶冻物（图 4-65）；内褶肿胀、出血，内有炎性分泌物（图 4-66）。

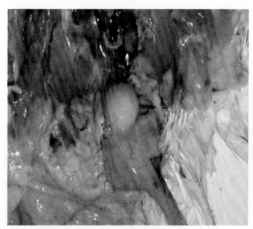

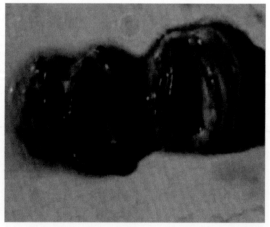

图 4-65 法氏囊水肿、出血　　　　　图 4-66 内褶肿胀、出血

4. 防治措施

加强饲养管理，实行全进全出的饲养制度，建立严格的卫生消毒措施。做好免疫接种，增强机体特异性的抵抗力。

必要时对发病鸡群进行鸡新城疫的紧急接种，以防继发新城疫。治疗方案：一种是注射卵黄抗体，应在发病中早期使用。另一种是保守治疗法：提高鸡舍温度 2～3℃；避免各种应激反应；使用抗菌素防止细菌的继发感染。

五、大肠杆菌病

1. 流行特点

多发生于雏鸡，3～6周龄内的雏鸡易感较高。传播方式有垂直传播和水平传播两种。饲养管理不当以及各种应激因素均可促进本病发生。

2. 临床症状与病理变化

可以多种形式发病。

脐炎：病雏虚弱扎堆，水样腹泻，腹部膨大，脐孔及其周围皮肤发红、水肿（图4-67），脐孔闭合不全呈蓝黑色，有刺激性恶臭味，死亡率达10%以上。

败血症：多在3～7周龄的肉鸡中发生，死亡率通常为1%～10%，病鸡离群呆立或扎堆，羽毛无光泽，排黄白色稀粪，肛门污秽（图4-68），病程1～3天。

气囊炎：一般表现有明显的呼吸音，咳嗽和呼吸困难并发异常音。病理变化为胸、腹等气囊壁增厚不透明，灰黄色（图4-69），囊腔内有数量不等的纤维性或干酪样渗出物。

心包炎：大肠杆菌发生败血症时发生心包炎。心包炎常伴发心肌炎，心包膜肥厚、混浊，心外膜水肿，心包囊内充满淡黄色纤维素性渗出物，严重的心包膜与心肌粘连（图4-70）。

肝周炎：肝脏肿大，肝脏表面有一层黄白色的纤维蛋白附着（图4-71），肝脏变性，质地变硬，表面有许多大小不一的坏死点。严重者肝脏渗出的纤维蛋白与胸壁、心脏和胃肠道粘连，或导致肉鸡腹水症（图4-72）。

全眼球炎：本型多发于鸡舍内空气污浊，病鸡眼炎多为一侧性，初期病鸡减食或废食，羞明、流泪、红眼，随后眼睑肿胀突起（图4-73）。

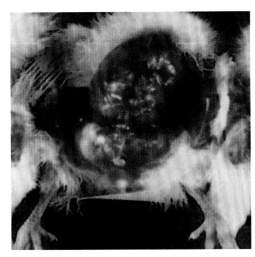

图4-67 脐炎

图4-68 拉白色稀粪便

图 4-69 气囊炎

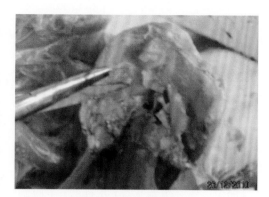
图 4-70 心包炎

图 4-71 肝周炎

图 4-72 腹水症

图 4-73 眼炎

3. 防治措施

加强环境卫生管理和饲养管理，消除导致本病发生的各种诱因。疫苗接种具有较好的免疫预防效果。采用本地区发病鸡群的多个菌株，或本场分离菌株制成的疫苗使用效果较好。在治疗该病时，最好先分离大肠杆菌进行药敏试验，然后确定治疗用药。

六、鸡慢性呼吸道病

1. 流行特点

鸡以 4 ～ 8 周龄最易感，火鸡以 5 ～ 16 周龄易感，成年鸡常为隐性感染。可通过水平和垂直传播。一年四季都可发生，但在寒冷季节多发。

2. 临床症状

病鸡食欲降低，流稀薄或黏稠鼻液，咳嗽、打喷嚏，眼睑肿胀（图 4-74），流泪（图 4-75），呼吸困难和气管啰音。随着病情的发展，病鸡可出现一侧或双侧眼睛失明。

图 4-74 精神沉郁

图 4-75 眼睛流泪

3. 病理变化

病死鸡消瘦，病变主要表现为鼻道、副鼻道、气管、支气管和气囊的卡他性炎症，气囊壁增厚、混浊（图 4-76），有干酪样渗出物或增生的结节状病灶。严重病例可见纤维素性肝周炎（图 4-77）和心包炎。患角膜结膜炎的鸡，眼睑水肿，炎症蔓延可造成一侧或两侧眼球破坏。

图 4-76 气囊增厚，有黄色渗出物

图 4-77 肝周炎

4.防治措施

要加强饲养管理，保证日粮营养均衡；鸡群饲养密度适当，通风良好，防止阴湿受冷。定期用平板凝集反应进行检测，淘汰阳性反应鸡以有效地去除污染源。弱毒活疫苗：目前，国际上和国内使用的活疫苗是F株疫苗。灭活疫苗：基本都是油佐剂灭活疫苗。链霉素、土霉素、四环素、红霉素、泰乐菌素、壮观霉素、林可霉素、氟哌酸、环丙沙星、恩诺沙星治疗本病都有一定疗效。

七、鸡球虫病

1.流行特点

病鸡是主要传染源，凡被带虫鸡污染过的饲料、饮水、土壤和用具等，都有卵囊存在。鸡感染球虫的途径主要是吃了感染性卵囊。饲养管理条件不良，鸡舍潮湿、卫生条件恶劣时，最易发病，而且往往迅速波及全群。

2.临床症状与病理变化

急性盲肠球虫病：一般是在感染后4～5天，病鸡急剧地排出大量新鲜血便（图4-78），明显贫血。血便一般持续2～3日，第7天起多数鸡停止血便。剖检病死鸡可见盲肠肿胀，充满大量血液（图4-79），或盲肠内凝血并充满干酪样的物质。

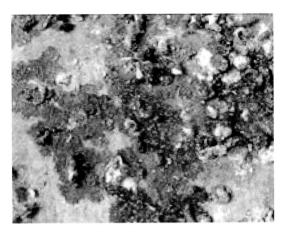

图 4-78 排血

急性小肠球虫病： 主要在小肠中段感染，感染后 4 ～ 5 天鸡突然排泄大量的带黏液的血便，呈红黑色。剖检变化可见小肠黏膜上有无数粟粒大的出血点和灰白色坏死灶（图4-80），小肠内大量出血，有大量干酪样物质。

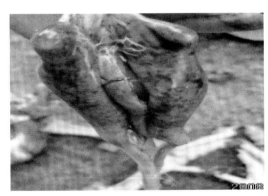

图 4-79 盲肠肿胀充满大量血液

图 4-80 小肠黏膜大量出血点

慢性球虫病：损害小肠中段，可使肠管扩张，肠壁增厚；内容物黏稠，呈淡灰色、淡褐色或淡红色。生前用饱和盐水漂浮法或粪便涂片查到球虫卵囊（图4-81），或死后取肠黏膜触片或刮取肠黏膜涂片查到裂殖体、裂殖子或配子体（图4-82），均可确诊为球虫感染。

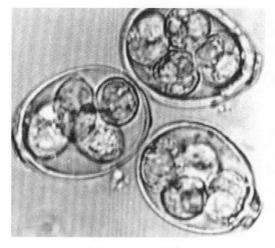

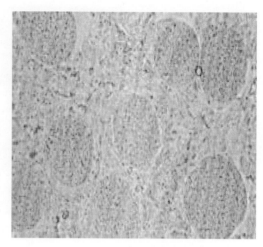

图 4-81 球虫卵囊　　　　　　　　　　　图 4-82 球虫配子体

3. 防治措施

加强饲养管理，保持鸡舍干燥、通风和鸡场卫生，定期清除粪便，进行堆放发酵以杀灭卵囊。免疫预防：生产中使用球虫疫苗时，须考虑应使用多价疫苗，以获得全面的保护。药物防治：可供选择的药物很多，建议临床应用时交替使用不同的药物，以减少抗药性发生的几率。

第五节　实验室诊断技术

疾病发生后，首先调查鸡场发病日龄、数量、用药情况、鸡体外部特征（羽毛、面部、皮肤等），然后进行必要的剖检检查各个脏器有无异常。标准化肉鸡场还需配备高水平的实验室，对细菌病毒等进行检验。

一、细菌检验技术

首先无菌采集病鸡病料进行细菌的分离培养，通过药敏试验（图 4-83），选择抑菌圈最大的抗生素，也就是对病原敏感性强的抗菌药物进行对症治疗。抑菌圈越大，该纸片代表的药物越敏感。

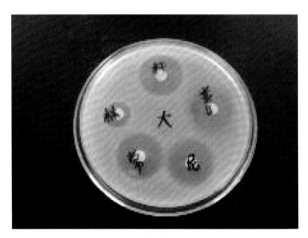

图 4-83　纸片药敏试验结果

二、快速全血平板凝集反应

　　某些微生物加入含有特异性抗体的血清或全血，在电解质参与下，经过一定时间，抗原与抗体结合，凝聚在一起，形成肉眼可见的凝块，这种现象称为凝集反应（图 4-84 ）。快速全血平板凝集反应又称血滴法，在玻板或载玻片上进行，是传染性鼻炎、鸡白痢、鸡伤寒、鸡慢性呼吸道病等疾病检测的重要手段。

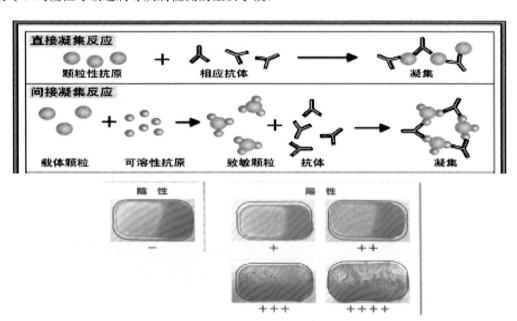

图 4-84　平板凝集试验原理示意图

三、琼脂免疫扩散试验（AGP）

AGP 的原理是可溶性抗原与抗体在含电解质的琼脂网状基质中自由扩散，并形成由近及远的浓度梯度，当适当比例的抗原、抗体相遇时，形成肉眼可见的白色沉淀线，此种沉淀反应称为琼脂免疫扩散，简称琼脂扩散或琼扩（图4-85）。常用于鸡传染性法氏囊病、鸡马立克氏病、禽流感、禽脑脊髓炎、禽腺病毒感染等病的诊断，以及抗体监测和血清学流行特点调查等。

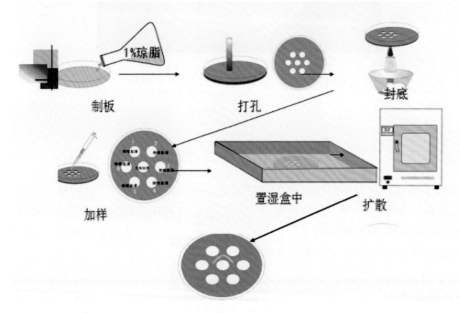

图 4-85 琼脂扩散试验的步骤示意图

四、血凝和血凝抑制试验

某些病毒能够与人或动物的红细胞发生凝集，称之为红细胞凝集反应（HA）。这种凝集反应可被加入的特异性血清所抑制，即为红细胞凝集抑制试验（HI）（图4-86）。在禽病中目前最常用作新城疫病毒、禽流感病毒、减蛋下降综合症病毒等的诊断和血清学监测。

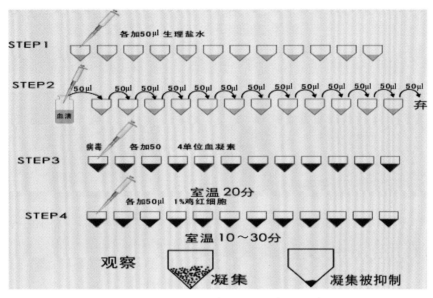

图 4-86　血凝和血凝抑制试验步骤示意图

五、酶联免疫吸附试验（ELISA）

是利用酶的高效催化作用，将抗原与抗体反应的特异性与酶促反应的敏感性结合而建立起来的，当标记的抗原或抗体与待检抗体或抗原分子结合时，即可在底物溶液的参与下，产生肉眼可见的颜色反应，颜色的深浅与抗原或抗体的量成比例，通过测定光吸收值可作出定量分析（图 4-87）。

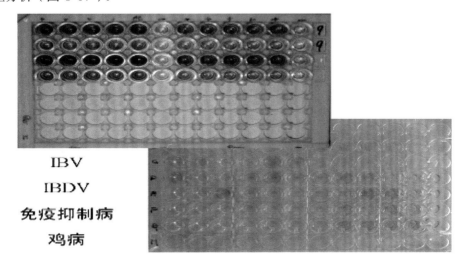

图 4-87　酶联免疫吸附试验样品结果

六、聚合酶链式反应（PCR）

PCR 是一种选择性体外扩增 DNA 或 RNA 的方法。通过凝胶电泳或标记染料检测扩增产物，确定病原核酸的存在（图 4-88）。

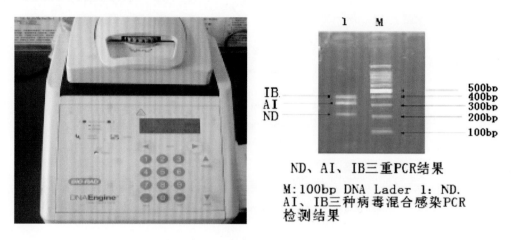

图 4-88 PCR 仪器和 PCR 电泳结果

七、胶体金免疫层析技术

氯金酸（HauCL$_2$）在还原剂作用下，可聚合成一定大小的金颗粒，即胶体金。预先将抗原或抗体固定在层析介质上，相应的抗体或抗原通过毛细泳动，当与胶体金标记的特异性蛋白结合后即滞留在该位区，金颗粒达到 107 个／平方毫米时，即可出现肉眼可看的粉红色斑点（图 4-89）。

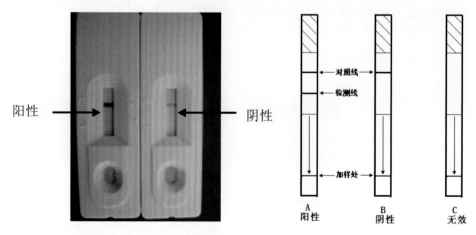

图 4-89 胶体金技术使用方法示意图

第六节　遵守鸡场管理制度

　　肉鸡标准化规模养殖场的管理制度一般包括鸡场规章制度、鸡场操作规程和生物安全制度。采用制度上墙的方式，严格执行，严格管理，用制度来管理和激励不同岗位人员的工作积极性，提高工作效率和经济效益。鸡场主要管理制度见附件。

一、鸡场规章制度

　　肉鸡标准化规模养殖场要针对鸡场的实际情况，制定一套完整切实可行的规章制度，明确各个岗位的工作职责和考核办法，让全场职工的工作有章可循，奖罚分明（表4-3、图4-90）。

表 4-3　鸡场规章制度

序号	规章制度名称	职能
1	鸡场管理制度	对鸡场所有人员的工作要求和规范
2	技术员管理制度	对生产技术员和维修技术员岗位职责的规定和考核办法
3	财务管理制度	以会计法为依据，对鸡场财务和会计的管理及考核办法
4	采购制度	对采购员的岗位职责和采购物品程序的具体规定及考核办法
5	仓库管理制度	对仓库保管员的岗位职责和出入库管理的具体规定及考核办法
6	用药制度	对技术员等专业人员兽药使用的注意事项和规定及考核办法，禁用国家违禁类药物
7	饲料及添加剂使用管理制度	对技术员等专业人员使用饲料的注意事项和规定，禁用国家违禁类饲料添加剂
8	档案管理制度	对档案管理员岗位职责和日常生产记录的规定和具体要求及考核办法。主要包括鸡场各项制度及引种记录、日生产报表、饲料使用记录、用药记录、诊疗记录、免疫记录、消毒记录、无害化处理记录、车辆人员出入消毒记录在内的管理和保存，存档时间至少2年

图 4-90　鸡场规章制度上墙

二、生产操作规程

针对每个岗位制定出详细的操作规程或程序，让职工明确各自的工作内容和步骤，有利于各项工作的标准化管理（表4-4，图4-91）。

表4-4　生产操作规程

序号	规程名称	职能
1	进出场程序	规定进出场的路线和要求，避免交叉污染
2	饲养操作规程	对各鸡舍饲养员的日常饲养操作进行规定,包括喂料、饮水、消毒、清粪、鸡群观察、通风、设施维护等具体规定
3	光照程序	不同季节的光照时间和要求
4	免疫操作程序	对不同免疫方式操作的具体要求
5	无害化处理操作规程	病死鸡、兽医室和化验室无害化处理的操作步骤和要求
6	消毒程序	对鸡舍内外消毒的要求和注意事项

图 4-91 部分生产操作规程上墙

三、生物安全制度

生物安全制度是鸡场生产管理的重点，要坚持"养重于防，防重于治"的原则，严格执行进场人员、车辆的消毒、病死鸡无害化处理等重要生物安全措施，减少交叉感染的机会（表4-5，图4-92，图4-93）。

表 4-5 生物安全制度

序号	制度名称	职能
1	消毒制度	对场区门口、鸡舍内外 环境消毒的要求
2	防疫制度	对病原阻断、鸡群免疫、疫苗药物选择等方面的相关规定
3	无害化处理制度	对病死鸡、鸡舍废弃物的无害化处理规定
4	检疫申报制度	对鸡群疫病检测和疫病上报的相关规定
5	兽医室管理制度	对兽医室岗位职责和病死鸡解剖、检测的相关规定

图 4-92 生物安全相关制度上墙

图 4-93 检验检疫相关制度上墙

四、档案管理

1. 做好日常记录（图 4-94 ～图 4-97）

图 4-94 生产日报表

图 4-95 兽药使用记录

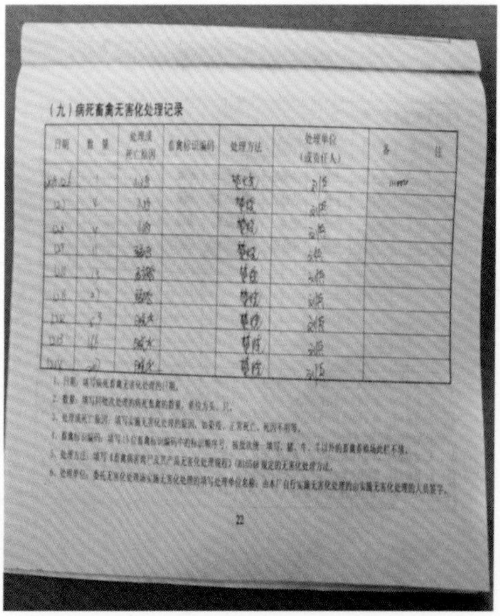

图 4-96 病死鸡处理记录

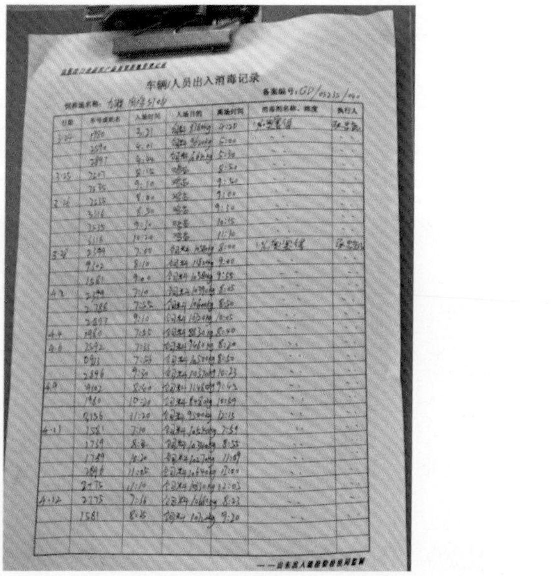

图 4-97 车辆人员出入消毒记录

2. 记录合并成册（图 4-98）

图 4-98 各种生产记录

3. 档案妥善存放（图 4-99）

图 4-99 档案存放

第五章 粪污无害化

肉鸡场废弃物主要包括鸡粪、病死鸡和废水等，正确处理上述废弃物使其无害化、减量化，降低环境污染、实现资源化利用，对促进肉鸡养殖业乃至畜牧业的可持续健康发展具有重要的意义。

第一节 鸡粪处理主要方法

鸡粪的处理方法主要包括堆肥处理、干燥处理制作有机肥、利用鸡粪生产沼气等不同的处理方式。

一、堆肥处理

鸡粪采用集中堆积生物发酵，农牧结合的方式进行还田循环利用，是目前鸡粪处理利用的主要方式（图5-1）。

图 5-1 鸡粪堆肥后直接还田

1. 厌氧堆肥（图5-2）

厌氧堆肥是将鸡粪和作物秸秆等堆肥原料堆积起来，表面用塑料膜或泥浆密封严实，经发酵处理，杀死病原微生物。该特点是无须通气、翻堆、无耗能；空气与堆肥相隔绝、工艺简单、产品中氮保存量比较多。

图 5-2 厌氧堆肥

2. 好氧堆肥

好氧堆肥是在有氧条件下对鸡粪进行发酵处理的技术模式，微生物通过自身的生命活动，把一部分有机物氧化成简单的无机物，同时，释放出可供微生物生长活动所需的能量，而另一部分有机物则被合成新的细胞质，使微生物不断生长繁殖，产生出更多生物体。

(1) 条垛式堆肥（图 5-3）：是在露天或棚架下，将鸡粪、作物秸秆等堆肥物料堆成条垛状，采取翻堆、设置通风管道等方式充入空气，保证好氧菌对氧气的需要，促使鸡粪发酵、腐熟。

图 5-3 条垛式堆肥

图 5-4 槽式堆肥

(2) 槽式堆肥（图 5-4）：槽式堆肥发酵要求槽宽在 4～6 米，槽深为 1～1.2 米，堆体高度以 0.80 米为宜，长度根据实际情况确定，但太短不利于机械化操作。

条垛式与槽式堆肥在发酵过程中添加菌种、辅料，经过 7～14 天的发酵处理后生产有机肥（图 5-5，图 5-6）。

图 5-5 鸡粪添加菌种发酵   图 5-6 鸡粪生产有机肥

二、干燥处理

鸡粪干燥处理主要包括自然干燥处理和机械干燥处理两种。

1. 自然干燥法

本方法是利用太阳能、风能等自然能源对鸡粪进行无害化干燥（图 5-7）。将鸡粪摊铺在空屋内，采用手工或机械对粪剁定期进行翻倒，利用自然能源对鸡粪进行自然干燥。

图 5-7 鸡粪自然干燥

2. 机械干燥处理

使用专门的干燥机械，通过加温使鸡粪在较短时间内干燥（图 5-8）。该方法具有处理速度快、处理量大、消毒灭菌和除臭效果好等特点。干燥后，经粉碎、过筛后制成有机肥。

图 5-8　鸡粪烘干机

三、生产沼气

鸡粪经过发酵产生沼气（图 5-9）实现了资源化利用，也减少了病原微生物的传播，减少臭气等对环境的污染。生产的沼气可用于鸡场的取暖、照明等，大型肉鸡场引进现代化处理设备后，可以并网发电。但是，沼气处理也存在一些不容忽视的问题，夏季取暖需求较小时沼气产气量大，冬季取暖需求量大时往往产气量不足，而且沼渣沼液也会造成二次污染。利用鸡粪生产沼气池主要有两种工艺：一种是沼气池工艺，另一种是厌氧塔工艺。

图 5-9　正在建设的沼气池

1. 鸡粪塔式沼气发酵

工艺流程如下（图5-10）。

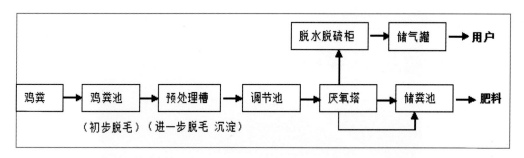

图 5-10 鸡粪塔式沼气发酵工艺流程（引自《无公害肉鸡标准化生产》）

2. 利用沼气发电

沼气发电（图5-11，图5-12）具有高效、节能、安全和环保等特点，是一种分布广泛且价廉的能源。

图 5-11 沼气发电（德青源沼气发电厂）

图 5-12 沼气池工程

第二节 病死鸡的无害化处理

病死鸡是一种特殊的疫病传播媒介，如果处理不当，会危害人体健康和畜牧业的健康发展。应按照《病害动物和病害动物产品生物安全处理规程》（GB16548-2006），及时做好病死鸡的无害化处理。

一、病死鸡收集与运输

养鸡场应建立严格的病死鸡管理办法，集中收集病死鸡，密封装袋后用专门车辆运输至无害化处理点（图5-13）。发现死因不明的鸡时，应立即向当地动物卫生监督机构报告，经确诊后，在官方兽医的监督下，对病死鸡采取深埋、焚烧等无害化处理措施。

图 5-13 病死鸡专用运输车

二、病死鸡的处理方法

1. 焚烧处理

是消灭病原微生物的可靠方法，焚烧不会污染土壤和地下水，能彻底消灭死鸡及其携带的病原体。焚烧炉（图5-14）应远离生活区和生产区，并在鸡场的下风向。

图 5-14 焚烧炉

2. 高温处理

有条件的鸡场可建专门的无害化处理厂,病死鸡经过高温处理(图 5-15 ～图 5-17)后,经烘干、粉碎等加工工艺制作有机肥等产品,实现废弃物的资源化利用。

图 5-15 病死鸡处理设备（干燥机）　　　图 5-16 病死鸡处理设备（熔化釜）

图 5-17 病死鸡处理厂房

3. 堆肥处理

该方式是将死鸡放于鸡粪中间，一起堆肥发酵，使死鸡充分腐烂变成腐殖质，并杀死其携带的病原体。堆肥时要适量添加秸秆等通透性好的碳源，提高碳氮比。

4. 深埋处理

该法是处理死鸡常用的方法（图5-18）。选择远离水井、河流且地势高的地方，根据鸡饲养量决定坑的大小、深度，一般都建设混凝土深坑，上面加盖水泥板，并加胶条密封，盖上留两个可以开启的小门，作为向坑内扔死鸡的口，平时盖严锁死。坑深不低于2米，以便死鸡充分腐烂变成腐殖质。

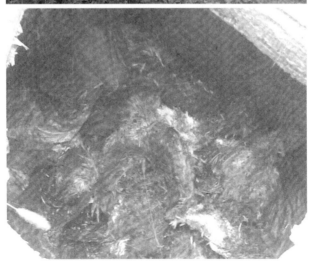

图 5-18 深井发酵处理

第三节 养殖污水的处理

目前，标准化肉鸡场一般采用乳头饮水系统，饲养期基本无废水产生。污水主要来自冲洗鸡舍、刷洗水槽和食槽的废水，其次是职工的生活污水。污水排放时必须符合《畜禽养殖业污染物排放标准》（GB 18596-2001）。养殖场污水处理一般可采用物理处理法、化学处理法、生物处理法等。

一、物理处理法

物理法处理污水主要通过过滤或沉淀等方法去除水中漂浮或悬浮物质，所用设备简单，操作方便，分离效果良好，使用广泛。

1. 格栅

格栅由一组（或多组）相平行的金属栅条与框架组成，倾斜安装在进水的渠道或进水泵站集水井的进口处，以拦截污水中粗大的悬浮物及杂质（图5-19）。

图 5-19 格栅拦截污水设备

2. 沉砂池

从污水中去除砂子、煤渣等密度较大的无机颗粒，以免这些杂质影响后续处理设备的正常运行。

3. 沉淀池

属于生物处理法中的预处理，去除约30%的五日生化需氧量（BOD_5）与55%的悬浮物（图5-20）。

图 5-20 沉淀池

二、化学处理法

养殖污水的化学处理主要用于处理污水中那些不能单用物理方法或生物方法去除的一部分胶体和溶解性物质（图 5-21）。

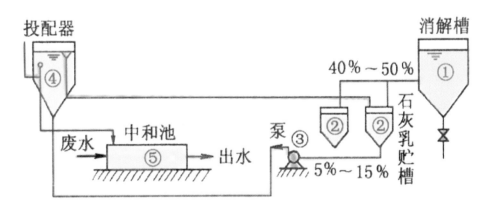

图 5-21 一种化学处理法处理污水

三、生物处理法

生物处理技术就是通过一定的人工措施，创造有利于微生物生长、繁殖的环境，使微生物大量繁殖，以提高微生物氧化分解有机物的一种技术。按照反应过程中有无氧气的参与，生物处理法可分为好氧生物处理法和厌氧生物处理法。好氧处理法处理效率高，效果好，使用广泛，是生物处理的主要方法。养殖废水处理主要采用活性污泥法和生物膜法。

1. 活性污泥法

活性污泥是以一群菌胶团属的好气细菌和原生动物为主组成的微生物集团与污水中有机、无机性悬浮杂质所构成的絮状体。活性污泥法是一种利用活性污泥在有氧条件下吸附、吸收、氧化分解污水中不稳定的有机物使之转化为稳定的无机物，而使污水得到净化的方法（图5-22）。

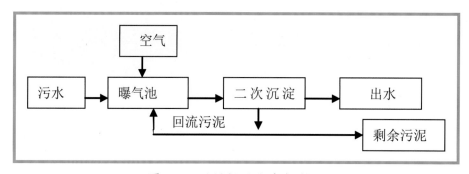

图 5-22 活性污泥法基本流程

2. 生物膜法

生物膜法是利用固着于固体介质表面的微生物来净化有机物的方法，亦称为生物过滤池（图5-23）。由于微生物固着于固体表面，即使增殖速率慢的微生物也能生存，从而构成了稳定的生态系；高营养级的微生物越多，污泥量自然就越多。所以，该法和活性污泥法相比，管理较方便。

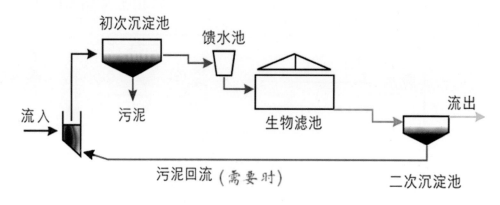

图 5-23 生物滤池法流程

3. 厌氧生物处理

厌氧生物处理是环境工程与能源工程中的一项重要技术，是养殖排放有机废水强有力的处理方法之一。其能耗低，负荷高，剩余污泥量少，氮、磷营养需要量较少，有一定杀菌作用，可以杀死废水与污水中的寄生虫、病毒，而且厌氧活性污泥可以长期贮存，厌氧反应器可以季节性或间歇性运转。

四、实际应用

实际生产中一般几种方法共用（图5-24），达到处理污水的目的。

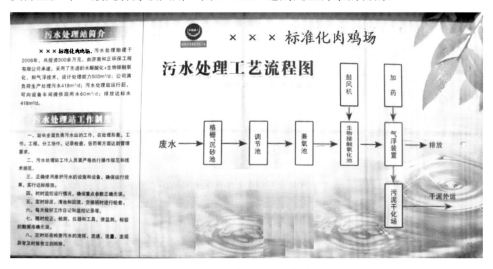

图 5-24 污水处理工艺流程

第六章 主推技术模式

肉鸡的饲养模式主要包括笼养、地面厚垫料饲养、网上平养等。此外，优质肉鸡还可以采用放牧饲养模式，但该模式不符合肉鸡标准化规模养殖的发展趋势，不作为主推技术模式介绍。

第一节 笼养

一、技术要点

1. 根据自身特点选用不同的笼具类型

肉鸡笼养分为阶梯式笼养和层叠式笼养两种方式。

（1）阶梯式笼养：见图6-1。便于在地面设计自动刮粪系统，便于及时清理粪便。

图 6-1 阶梯式笼养

（2）层叠式笼养：见图6-2、图6-3。一般在每层笼下设置粪盘清粪，也可以在每层笼下设置传送带输送粪便，直接运送至鸡粪处理场。提高了自动化水平，改善了鸡舍环境条件。

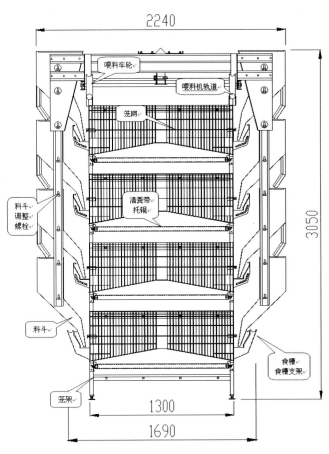

图 6-2 层叠式笼养剖面图（单位：mm）

图 6-3 层叠式笼养-传送带清粪

2. 需要配备自动化设备，降低劳动强度（图 6-4）

笼养模式便于实现喂料、饮水、清粪等自动化操作，效率显著提高。层叠式笼养还能够实现肉鸡出栏的自动化操作，利用传送带把肉鸡送出鸡舍。自动化水平的提高不仅可以解决肉鸡生产劳动力不足的现实问题，还可降低工作人员进出带来的生物安全风险，对提高养殖水平和产品质量安全具有重要意义。

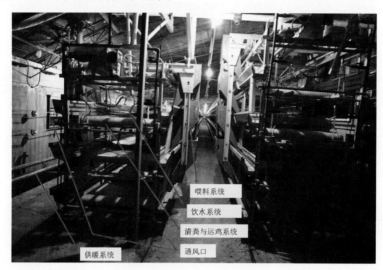

图 6-4 配备自动化设备

3. 需要达到光照均匀要求

笼养，特别是层叠式笼养实现了立体养殖（图 6-5），但影响了光照的均匀分布，必须采取照明设备分层次安装等技术措施弥补，为不同位置的肉鸡提供良好的光照条件。

图 6-5 灯具错层分布达到光照均匀

4. 鸡舍环境控制要求高

笼养模式大幅度提高了存栏量，氨气、硫化氢等有害气体产生量大，因此需要先进的环境控制系统（图6-6）排出有害气体，为鸡群生长提供适宜的温度、湿度等环境条件。

图 6-6 环境控制系统

二、技术优点

1. 节约土地资源

土地资源紧张是肉鸡业发展的刚性制约因素之一，笼养方式单位面积内存栏量是地面厚垫料饲养方式的 2 ～ 4 倍，提高了土地利用率。

2. 节约能源

饲养密度的增加，可以充分利用鸡群自身产热维持鸡舍温度，同时，环境控制所需的能源等利用效率显著提高。

3. 劳动强度降低

该模式便于提升机械化、自动化水平，实现了"人管设备、设备养鸡、鸡养人"，饲养管理人员只需管理设备的正常运行，挑选病死鸡等，劳动效率显著提高。

三、技术缺点

1. 设备投资高

笼养实现了立体养殖，鸡舍高度增加，质量要求高，购置笼具、环境控制等现代化设备需要大量投资，是制约笼养模式推广的主要因素。

2. 人员素质要求高

机械化水平的提升，饲养、管理人员大幅度减少，需要饲养人员既要有饲养管理技术，又要懂得饲养设备的维护管理，需要复合型的专业技术人才支撑企业的发展。

第二节 地面厚垫料饲养

一、 技术要点

1. 根据垫料资源状况选择合适的垫料

应根据垫料资源（如稻壳、锯末等）状况选择清洁卫生、干燥柔软，灰尘少、吸水性强的优质垫料，禁止使用发霉的垫料（图6-7）。

2. 注意清洁消毒

鸡舍全面清洗、干燥、喷洒消毒，垫料铺放均匀后，再进行熏蒸消毒。

3. 适时翻动垫料

垫料厚10～15厘米，根据污染状况翻动垫料，及时更换污染严重或过于潮湿的垫料。肉鸡出栏后将垫料和鸡粪一次性清除。

4. 注意维护饮水线，减少漏水

饮水线漏水会造成垫料潮湿，舒适度降低，容易发生球虫病等疾病，还会促使鸡粪发酵，产生氨气等有害气体。

图 6-7 地面厚垫料平养

二、 技术优点

1. 厚垫料平养技术简便易行，设备投资少，利于农作物废弃物再利用和粪污资源化利用。

2. 垫料吸潮、消纳粪便等污染物，有利于改善鸡舍环境质量。

3. 垫料松软，保持垫料处于良好状态可减少腿病和胸囊肿的发生，提高鸡肉品质。

三、 技术缺点

1. 优质垫料如稻壳、锯末等需求量大，成本较高，而且不同地区的供应状况不同，很难在全国普遍推广。

2. 虽然垫料对废弃物有一定的消纳能力，但鸡群与垫料、粪便等直接接触，如果操作管理不当，容易发生球虫病等疾病。

第三节 网上平养

网上平养是我国肉鸡生产的主要饲养模式之一，不论是快大型肉鸡、优质肉鸡，还是"817"小型肉鸡都适合网上平养模式。

一、技术要点

1. 合理设计网床高度

目前，各地设计网床高度差别较大，从 0.5 ～ 1.7 米不等。从硫化氢、氨气等有害气体的分布规律来看，离地 0.6 ～ 1.0 米之间浓度较高，网床 0.5 米高时鸡群恰好处于该区间，设计自动清粪系统及时清除粪便可显著改善空气质量。

2. 灵活采用网床类型

目前网床设计主要采用两种类型，一种是有过道设计（图6-8），另一种是无过道设计（图6-9）。前者降低了有效使用面积，但饲养员操作管理较为方便。在饮水、喂料、清粪、鸡舍环境控制等实现自动化控制后，无过道设计应用较多。

3. 加强饲养管理，提高鸡舍环境质量

网床饲养提高了饲养密度，必须加强鸡舍环境控制、生物安全防控等，为鸡群提供良好的环境条件。

二、技术优点

1. 有利于改善鸡舍环境条件

网床饲养为自动清粪提供了条件，减少了鸡粪在舍内发酵所产生的有害气体排放，从根本上改善了鸡舍环境条件。

2. 有利于疫病防控

网上平养使鸡离开地面，减少了与粪便的接触，降低了球虫等疫病的发生几率，有助于减少药物投放，提高食品安全水平。

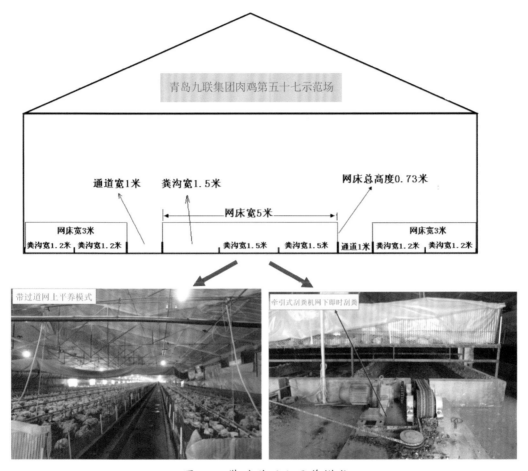

图 6-8 带过道网上平养模式

图 6-9 无过道网上平养模式

三、技术缺点

相比地面厚垫料饲养模式，尽管节省了平时购置垫料的费用，但需要购置网床设备，一次性设备投资较大。

第四节 新型发酵养殖模式

山东省农业科学院家禽研究所创造性地把阶梯式笼养（或网上平养）和发酵养殖技术相结合，建立新型发酵养殖技术（图6-10）。

一、技术要点

在阶梯式笼养（或网上平养）的自动清粪槽沟内添加发酵垫料，定期机械翻动，促进鸡粪的有氧发酵。

图 6-10　新型发酵养殖模式

二、技术优点

1. 降低有害气体释放

垫料中添加益生菌，通过有氧发酵实现鸡粪成分的转化，减少有害气体排放，改善鸡舍环境质量。

2. 减少鸡粪二次污染

本技术实现了鸡粪鸡舍内发酵，避免了鸡粪外运、贮存过程中的二次污染和生物安全隐患。

3. 增收节支

经过对发酵垫料成分检测，一个肉鸡饲养周期（8周龄左右），发酵垫料的营养成分就可达到、甚至超过有机肥标准，再经过简单堆积发酵可以作为有机肥上市销售。

4. 生物安全环境得到改善

该模式综合发酵床养殖和网上平养、阶梯式笼养的优点，实现鸡群与发酵垫料的隔离，降低鸡粪、垫料污染对鸡群造成不利影响，提高生物安全水平。

5. 降低劳动强度

在整个饲养期运用机械翻动垫料，肉鸡出栏后清除垫料，而不用饲养期间清粪，降低了饲养员的劳动强度，提高了劳动效率。

三、 技术缺点

1. 使用范围受限

该模式仅适用于阶梯式笼养和网上平养模式，无法与地面厚垫料饲养模式和层叠式笼养技术相结合。

2. 推广区域受限

与厚垫料饲养模式一样，需要有廉价、优质垫料资源的地区推广使用。

3. 需要宣传推广普及有机肥知识

广大农民对肉眼观察以垫料为主的有机肥缺乏认识，需推广普及有机肥知识，让农户接受。

附 录

附录1 无公害食品 畜禽饮用水水质 (NY 5027-2008)

ICS 13.060
S 815.2

中华人民共和国农业行业标准

NY 5027—2008
代替 NY 5027—2001

无公害食品 畜禽饮用水水质

2008-05-16 发布　　　　　　　　2008-07-01 实施

 中华人民共和国农业部 发布

NY 5027—2008

前 言

本标准代替 NY 5027—2001《无公害食品 畜禽饮用水水质》。

本标准与 NY 5027—2001 相比主要修改如下：

——水质指标检验方法引用 GB/T 5750《生活饮用水标准检验方法》；

——修改了 pH 值、总大肠菌群和硝酸盐 3 项指标；

——增加了型式检验内容；

——删除饮用水水质中肉眼可见物和氯化物 2 个检测项；

——删除了农药残留限量。

本标准由中华人民共和国农业部市场与经济信息司提出并归口。

本标准起草单位：农业部农产品质量安全中心、中国农业科学院北京畜牧兽医研究所、徐州师范大学。

本标准主要起草人：侯水生、张春雷、丁保华、廖超子、樊红平、黄苇、王艳红、谢明。

本标准于 2001 年 9 月首次发布，本次为第一次修订。

I

NY 5027—2008

无公害食品 畜禽饮用水水质

1 范围

本标准规定了生产无公害畜禽产品过程中畜禽饮用水水质的要求、检验方法。

本标准适用于生产无公害食品的畜禽饮用水水质的要求。

2 规范性引用文件

下列文件中的条款通过本标准的引用而成为本标准的条款。凡是注日期的引用文件,其随后所有的修改单(不包括勘误的内容)或修订版均不适用于本标准,然而,鼓励根据本标准达成协议的各方研究是否可使用这些文件的最新版本。凡是不注日期的引用文件,其最新版本适用于本标准。

GB/T 5750.2 生活饮用水标准检验方法 水样的采集与保存

GB/T 5750.4 生活饮用水标准检验方法 感官性状和物理指标

GB/T 5750.5 生活饮用水标准检验方法 无机非金属指标

GB/T 5750.6 生活饮用水标准检验方法 金属指标

GB/T 5750.12 生活饮用水标准检验方法 微生物指标

3 要求

畜禽饮用水水质应符合表1的规定。

表 1 畜禽饮用水水质安全指标

项 目		标 准 值	
		畜	禽
感官性状及一般化学指标	色	≤30°	
	浑浊度	≤20°	
	臭和味	不得有异臭、异味	
	总硬度(以 CaCO₃ 计),mg/L	≤1 500	
	pH	5.5～9.0	6.5～8.5
	溶解性总固体,mg/L	≤4 000	≤2 000
	硫酸盐(以 SO₄²⁻ 计),mg/L	≤500	≤250
细菌学指标	总大肠菌群,MPN/100mL	成年畜100,幼畜和禽10	
毒理学指标	氟化物(以 F⁻ 计),mg/L	≤2.0	≤2.0
	氰化物,mg/L	≤0.20	≤0.05
	砷,mg/L	≤0.20	≤0.20
	汞,mg/L	≤0.01	≤0.001
	铅,mg/L	≤0.10	≤0.10
	铬(六价),mg/L	≤0.10	≤0.05
	镉,mg/L	≤0.05	≤0.01
	硝酸盐(以 N 计),mg/L	≤10.0	≤3.0

1

NY 5027—2008

4 检验方法

4.1 色
按 GB/T 5750.4 规定执行。

4.2 浑浊度
按 GB/T 5750.4 规定执行。

4.3 臭和味
按 GB/T 5750.4 规定执行。

4.4 总硬度(以 $CaCO_3$ 计)
按 GB/T 5750.4 规定执行。

4.5 溶解性总固体
按 GB/T 5750.4 规定执行。

4.6 硫酸盐(以 SO_4^{2-} 计)
按 GB/T 5750.5 规定执行。

4.7 总大肠菌群
按 GB/T 5750.12 规定执行。

4.8 pH
按 GB/T 5750.4 规定执行。

4.9 铬(六价)
按 GB/T 5750.6 规定执行。

4.10 汞
按 GB/T 5750.6 规定执行。

4.11 铅
按 GB/T 5750.6 规定执行。

4.12 镉
按 GB/T 5750.6 规定执行。

4.13 硝酸盐
按 GB/T 5750.5 规定执行。

4.14 氰化物(以 F^- 计)
按 GB/T 5750.5 规定执行。

4.15 砷
按 GB/T 5750.6 规定执行。

4.16 氰化物
按 GB/T 5750.5 规定执行。

5 检验规则

5.1 水样的采集与保存
按 GB 5750.2 规定执行。

5.2 型式检验
型式检验应检验技术要求中全部项目。在下列情况之一时应进行型式检验:
a) 申请无公害农产品认证和进行无公害农产品年度抽查检验;

2

NY 5027—2008

b) 更换设备或长期停产再恢复生产时。

5.3 判定规则

5.3.1 全部检验项目均符合本标准时,判为合格;否则,判为不合格。

5.3.2 对检验结果有争议时,应对留存样品进行复检。对不合格项复检,以复检结果为准。

3

附录2 畜禽养殖业污染物排放标准 (GB18596-2001)

为贯彻《环境保护法》《水污染防治法》《大气污染防治法》，控制畜禽养殖业产生的废水、废渣和恶臭对环境的污染，促进养殖业生产工艺和技术进步，维护生态平衡，制定本标准。

本标准适用于集约化、规模化的畜禽养殖场和养殖区，不适用于畜禽散养户。根据养殖规模，分阶段逐步控制，鼓励种养结合和生态养殖，逐步实现全国养殖业的合理布局。

根据畜禽养殖业污染物排放的特点，本标准规定的污染物控制项目包括生化指标、卫生学指标和感观指标等。为推动畜禽养殖业污染物的减量化、无害化和资源化，促进畜禽养殖业干清粪工艺的发展，减少水资源浪费，本标准规定了废渣无害化环境标准。

本标准为首次制定。

本标准由国家环境保护总局科技标准司提出。

本标准由农业部环保所负责起草。

本标准由国家环境保护总局 2001 年 11 月 26 日批准。

本标准由国家环境保护总局负责解释。

1. 主题内容与适用范围

1.1 主题内容

本标准按集约化畜禽养殖业的不同规模分别规定了水污染物、恶臭气体的最高允许日均排放浓度、最高允许排水量，畜禽养殖业废渣无害化环境标准。

1.2 适用范围

本标准适用于全国集约化畜禽养殖场和养殖区污染物的排放管理，以及这些建设项目环境影响评价、环境保护设施设计、竣工验收及其投产后的排放管理。

1.2.1 本标准适用的畜禽养殖场和养殖区的规模分级，按附表 1 和附表 2 执行。

附表 1 集约化畜禽养殖场的适用规模（以存栏数计）

类别 规模分级	猪（头）（25 kg 以上）	鸡（只）		牛（头）	
		蛋鸡	肉鸡	成年奶牛	肉牛
Ⅰ 级	≥3 000	≥100 000	≥200 000	≥200	≥400
Ⅱ 级	500≤Q <3000	15 000≤Q <100 000	30 000≤Q <200 000	100≤Q <200	200≤Q <400

附表 2 集约化畜禽养殖区的适用规模（以存栏数计）

类别 规模分级	猪（头） （25 kg 以上）	鸡（只）		牛（头）	
		蛋鸡	肉鸡	成年奶牛	肉牛
Ⅰ 级	≥6 000	≥200 000	≥400 000	≥400	≥800
Ⅱ 级	3 000≤Q <6 000	10 000≤Q <200 000	200 000≤Q <400 000	200≤Q <400	400≤Q <800

注：Q 表示养殖量。

1.2.2 对具有不同畜禽种类的养殖场和养殖区，其规模可将鸡、牛的养殖量换算成猪的养殖量，换算比例为：30 只蛋鸡折算成 1 头猪，60 只肉鸡折算成 1 头猪，1 头奶牛折算成 10 头猪，1 头肉牛折算成 5 头猪。

1.2.3 所有Ⅰ级规模范围内的集约化畜禽养殖场和养殖区，以及Ⅱ级规模范围内且地处国家环境保护重点城市、重点流域和污染严重河网地区的集约化畜禽养殖场和养殖区，自本标准实施之日起开始执行。

1.2.4 其他地区Ⅱ级规模范围内的集约化养殖场和养殖区，实施标准的具体时间可由县级以上人民政府环境保护行政主管部门确定，但不得迟于 2004 年 7 月 1 日。

1.2.5 对集约化养羊场和养羊区，将羊的养殖量换算成猪的养殖量，换算比例为：3 只羊换算成 1 头猪，根据换算后的养殖量确定养羊场或养羊区的规模级别，并参照本标准的规定执行。

2. 定义

2.1 集约化畜禽养殖场

指进行集约化经营的畜禽养殖场。集约化养殖是指在较小的场地内，投入较多的生产资料和劳动，采用新的工艺与技术措施，进行精心管理的饲养方式。

2.2 集约化畜禽养殖区

指距居民区一定距离，经过行政区划确定的多个畜禽养殖个体生产集中的区域。

2.3 废渣

指养殖场外排的畜禽粪便、畜禽舍垫料、废饲料及散落的毛羽等固体废弃物。

2.4 恶臭污染物

指一切刺激嗅觉器官，引起人们不愉快及损害生活环境的气体物质。

2.5 臭气浓度

指恶臭气体（包括异味）用无臭空气进行稀释，稀释到刚好无臭时所需的稀释倍数。

2.6 最高允许排水量

指在畜禽养殖过程中直接用于生产的水的最高允许排放量。

3. 技术内容

本标准按水污染物、废渣和恶臭气体的排放分为以下三部分。

3.1 畜禽养殖业水污染物排放标准

3.1.1 畜禽养殖业废水不得排入敏感水域和有特殊功能的水域。排放去向应符合国家和地方的有关规定。

3.1.2 标准适用规模范围内的畜禽养殖业的水污染物排放分别执行附表 3、附表 4 和附表 5 的规定。

附表 3 集约化畜禽养殖业水冲工艺最高允许排水量

种类	猪（m³/百头·天）		鸡（m³/千只·天）		牛（m³/百头·天）	
季节	冬季	夏季	冬季	夏季	冬季	夏季
标准值	2.5	3.5	0.8	1.2	20	30

注：废水最高允许排放量的单位中，百头、千只均指存栏数。春、秋季废水最高允许排放量按冬、夏两季的平均值计算

附表 4 集约化畜禽养殖业干清粪工艺最高允许排水量

种类	猪（m³/百头·天）		鸡（m³/千只·天）		牛（m³/百头·天）	
季节	冬季	夏季	冬季	夏季	冬季	夏季
标准值	1.2	1.8	0.5	0.7	17	20

注：废水最高允许排放量的单位中，百头、千只均指存栏数
春、秋季废水最高允许排放量按冬、夏两季的平均值计算

附表 5 集约化畜禽养殖业水污染物最高允许日均排放浓度

控制项目	五日生化需氧量（mg/l）	化学需氧量（mg/l）	悬浮物（mg/l）	氨氮（mg/l）	总磷（以P计）（mg/l）	粪大肠菌群数（个/ml）	蛔虫卵（个/l）
标准值	150	400	200	80	8.0	10 000	2.0

3.2 畜禽养殖业废渣无害化环境标准

3.2.1 畜禽养殖业必须设置废渣的固定储存设施和场所，储存场所要有防止粪液渗漏、溢流措施。

3.2.2 用于直接还田的畜禽粪便，必须进行无害化处理。

3.2.3 禁止直接将废渣倾倒入地表水体或其他环境中。畜禽粪便还田时，不能超过当地的最大农田负荷量，避免造成面源污染和地下水污染。

3.2.4 经无害化处理后的废渣，应符合附表6的规定。

附表6 畜禽养殖业废渣无害化环境标准

控制项目	指标
蛔虫卵	死亡率≥95％
粪大肠菌群数	≤105 个/公斤

3.3 畜禽养殖业恶臭污染物排放标准

3.3.1 集约化畜禽养殖业恶臭污染物的排放执行附表7的规定。

附表7 集约化畜禽养殖业恶臭污染物排放标准

控制项目	标准值
臭气浓度（无量纲）	70

3.4 畜禽养殖业应积极通过废水和粪便的还田或其他措施对所排放的污染物进行综合利用，实现污染物的资源化。

4. 监测

污染物项目监测的采样点和采样频率应符合国家环境监测技术规范的要求。污染物项目的监测方法按附表8执行。

附表8 畜禽养殖业污染物排放配套监测方法

序号	项目	监测方法	方法来源	序号	项目	监测方法	方法来源	序号	项目	监测方法
1	生化需氧（BOD 5）	稀释与接种法	GB7488-87	1	生化需氧（BOD 5）	稀释与接种法	GB7488-87	1	生化需氧（BOD 5）	稀释与接种法
2	化学需氧（COD cr）	重铬酸钾法	GB11914-89	2	化学需氧（COD cr）	重铬酸钾法	GB11914-89	2	化学需氧（COD cr）	重铬酸钾法

续表

序号	项目	监测方法	方法来源	序号	项目	监测方法	方法来源	序号	项目	监测方法
3	悬浮物（SS）	重量法	GB11901-89	3	悬浮物（SS）	重量法	GB11901-89	3	悬浮物（SS）	重量法

注：分析方法中，未列出国标的暂时采用下列方法，待国家标准方法颁布后执行国家标准。

（1）水和废水监测分析方法，中国环境科学出版社，1989

（2）卫生防疫检验，上海科学技术出版社，1964

5. 标准的实施

5.1 本标准由县级以上人民政府环境保护行政主管部门实施统一监督管理。

5.2 省、自治区、直辖市人民政府可根据地方环境和经济发展的需要，确定严于本标准的集约化畜禽养殖业适用规模，或制定更为严格的地方畜禽养殖业污染物排放标准，并报国务院环境保护行政主管部门备案。

附录3 食品动物禁用的药物及化合物

兽药及其他化合物名称	禁止用途	禁用动物
β-兴奋剂类：克仑特罗Clenbuterol、沙丁胺醇Salbutamol、西马特罗Cimaterol及其盐、酯及制剂	所有用途	所有食品动物
性激素类：己烯雌酚Diethylstilbestrol及其盐、酯及制剂	所有用途	所有食品动物
具有雌激素样作用的物质：玉米赤霉醇Zeranol、去甲雄三烯醇酮Trenbolone、醋酸甲孕酮Mengestrol，Acetate及制剂	所有用途	所有食品动物
氯霉素Chloramphenicol、及其盐、酯（包括：琥珀氯霉素Chloramphenicol Succinate）及制剂	所有用途	所有食品动物
氨苯砜Dapsone及制剂	所有用途	所有食品动物
硝基呋喃类：呋喃唑酮Furazolidone、呋喃他酮Furaltadone、呋喃苯烯酸钠Nifurstyrenate sodium及制剂	所有用途	所有食品动物
硝基化合物：硝基酚钠Sodium nitrophenolate、硝呋烯腙Nitrovin及制剂	所有用途	所有食品动物
催眠、镇静类：安眠酮Methaqualone及制剂	所有用途	所有食品动物
林丹（丙体六六六）Lindane	杀虫剂	水生食品动物
毒杀芬（氯化烯）Camahechlor	杀虫剂、清塘剂	水生食品动物
呋喃丹（克百威）Carbofuran	杀虫剂	水生食品动物
杀虫脒（克死螨）Chlordimeform	杀虫剂	水生食品动物
双甲脒Amitraz	杀虫剂	水生食品动物
酒石酸锑钾Antimonypotassiumtartrate	杀虫剂	水生食品动物
锥虫胂胺Tryparsamide	杀虫剂	水生食品动物
孔雀石绿Malachitegreen	抗菌、杀虫剂	水生食品动物
五氯酚酸钠Pentachlorophenolsodium	杀螺剂	水生食品动物

续表

兽药及其他化合物名称	禁止用途	禁用动物
各种汞制剂包括：氯化亚汞（甘汞）Calomel, 硝酸亚汞Mercurous nitrate、醋酸汞 Mercurous acetate、吡啶基醋酸汞Pyridyl mercurous acetate	杀虫剂	动物
性激素类：甲基睾丸酮Methyltestosterone、丙酸睾酮Testosterone Propionate、苯丙酸诺龙 Nandrolone、Phenylpropionate、苯甲酸雌二醇Estradiol Benzoate及其盐、酯及制剂	促生长	所有食品动物
催眠、镇静类：氯丙嗪Chlorpromazine、地西泮（安定） Diazepam及其盐、酯及制剂	促生长	所有食品动物
硝基咪唑类：甲硝唑Metronidazole、地美硝唑 Dimetronidazole及其盐、酯及制剂	促生长	所有食品动物

注：食品动物是指各种供人食用或其产品供人食用的动物

附录4 常见饲料原料成分及营养价值表

（节选自 2006 年第 17 版 中国饲料数据库）

饲料名称	干物质 (%)	粗蛋白质 (%)	鸡代谢能 ME （兆焦／千克）	钙 (%)	总磷 (%)	非植酸磷 (%)	赖氨酸 (%)	蛋氨酸 (%)
玉米	86.0	8.7	13.56	0.02	0.27	0.12	78	90
高粱	86.0	9.0	12.30	0.13	0.36	0.17	78	89
小麦	87.0	13.9	12.72	0.17	0.41	0.13	78	85
稻谷	86.0	7.8	11.00	0.03	0.36	0.20	64	82
次粉	88.0	15.4	12.76	0.08	0.48	0.14	85	88
小麦麸	87.0	15.7	6.82	0.11	0.92	0.24	93	93
米糠	87.0	12.8	11.21	0.07	1.43	0.10	58	65
大豆粕	89.0	44.2	10.00	0.33	0.62	0.21	87	88
棉籽粕	90.0	43.5	8.49	0.28	1.04	0.36	76	90
菜籽粕	88.0	38.6	7.41	0.65	1.02	0.35	79	95
鱼粉	90.0	62.5	12.18	3.96	3.05	3.05		
肉骨粉	93.0	50.0	9.96	9.20	4.70	4.70		
石粉				38.4				
磷酸氢钙				23.4	18.0			